図解即戦力 オールカラーの丁寧な解説で知識ゼロでもわかりやすい！

ITインフラ の

しくみと技術が しっかりわかる教科書

これ1冊で

鶴長鎮一　山本尚明
山根武信　北崎恵凡

技術評論社

書籍サポートページについて

本書の内容に関する補足、訂正などの情報につきましては、下記の書籍Webページに掲載いたします。

https://gihyo.jp/book/2024/978-4-297-14592-7

ご購入前にお読みください

- 本書に記載した内容は、情報の提供のみを目的としています。したがって、本書を用いた開発、制作、運用は、必ずお客様自身の責任と判断によって行ってください。これらの情報による開発、制作、運用の結果について、技術評論社および著者はいかなる責任も負いません。
- 本書記載の情報は2024年9月現在のものを掲載しております。インターネット上のサービスは、予告なく画面や機能が変更される場合があるため、ご利用時には画面、操作方法などが変更されていることもあり得ます。
- ソフトウェアに関する記述は、とくに断りのないかぎり、2024年9月時点での最新バージョンをもとにしています。ソフトウェアはバージョンアップされる場合があり、本書での説明とは機能内容などが異なってしまうこともあり得ます。

以上の注意事項をご承諾いただいたうえで、本書をご利用願います。これらの注意事項をお読みいただかずにお問い合わせいただいても、技術評論社および著者は対処しかねます。あらかじめご承知おきください。

本文中に記載されている会社名、製品名などは、各社の登録商標または商標、商品名です。会社名、製品名については、本文中では、™、©、®マークなどは表示しておりません。

はじめに

　現代社会において、ITインフラはインターネットやモバイル通信、銀行システム、交通機関、医療機器などを支える、私たちの日常生活に欠かせない基盤です。これらのシステムがひとたび停止すれば、私たちの生活は瞬時に混乱に陥るでしょう。スマートフォンが使えず連絡が途絶え、パソコンでの業務に支障をきたし、ATMが利用できず、買い物や取引ができなくなることを想像してみてください。交通機関が動かず、病院の医療機器が機能しなくなるといった事態も決して想像の話ではありません。こうしたリスクを防ぎ、ITシステムが常に円滑で安定して稼働するためには、高度で信頼性の高いITインフラの構築、運用、管理が不可欠です。

　また、急速に発展しているAI技術も、ITインフラによって支えられています。AIシステムが大量のデータを処理し、学習や推論を行うためには、クラウドやサーバーといった高性能な計算資源が不可欠です。これらを支えるネットワーク技術がリアルタイムなデータ通信を可能にし、ストレージやデータベース技術が膨大なデータを効率的に管理します。AIとITインフラは切っても切れない関係にあり、その重要性は今後ますます高まるでしょう。

　本書は、ITインフラの基礎から実務に役立つ知識まで、段階的かつ体系的に学べる内容となっています。ネットワーク、サーバー、クラウド技術などITインフラを支える要素を解説していますので、ITインフラエンジニアに必要な知識を身につけられるでしょう。また、システムの運用やトラブルシューティング、セキュリティ対策といった、実際の現場で必要な知識も取り上げています。これからITインフラエンジニアを目指す方にとって、基礎知識をしっかりと学べる1冊です。経験者にとっても、網羅的で実践的な内容がキャリアアップに役立つでしょう。

　本書が、私たちの未来を支えるITインフラの世界に興味を持つきっかけとなれば幸いです。

2024年10月7日　北崎 恵凡

目次　Contents

1章
ITインフラの基礎知識

01　ITインフラとは 012

02　ITインフラの構成要素 014

03　ITインフラの形態 018

04　ITインフラ選択のポイント 021

05　ITインフラエンジニアの歴史と現状 024

06　ITインフラエンジニアの仕事 026

2章
ネットワークの基礎知識

07　ネットワークとは 036

08　ネットワークの種類 038

09　ネットワークの接続構造 042

10　ネットワークの構成要素 045

11　ネットワークプロトコルと標準化 054

12　各層の役割と関連するプロトコル 060

13　イーサネット 064

14	IPアドレスとサブネットマスク	070
15	ポート番号	074
16	主要なアプリケーションプロトコル	076
17	TCPとUDPの基本	079
18	ネットワーク通信の仕組みと技術	081
19	クラウド・仮想化時代のネットワーク	090
20	モバイルネットワーク	092
21	ネットワークのセキュリティ	094

3章
サーバー・OS・ミドルウェアの基礎知識

22	サーバーの基礎知識	098
23	マザーボードとCPU/GPU	100
24	記憶装置〜ストレージとメモリ	105
25	NIC：ネットワークインターフェースカード	107
26	サーバーを構成するその他のハードウェア	109
27	BIOSおよびUEFIの役割	112

28	OSの役割	114
29	ミドルウェアの役割	118
30	サーバー仮想化技術	124

4章
ITインフラのクラウド化

31	クラウドコンピューティングとは	130
32	クラウドサービスの提供モデル	133
33	IaaSでITインフラを構築する	136
34	パブリッククラウドのメリットとデメリット	140
35	プライベートクラウドのメリットとデメリット	142
36	サーバーレス	144
37	オンプレミス環境からクラウド環境へ	146
38	オンプレミスへの回帰	148
39	クラウドネイティブ 〜進化するITインフラとアプリケーション	150
40	マイクロサービス	152
41	コンテナ仮想化技術 Docker/LXD	154

目次　Contents

42 マイクロサービス開発と Docker ———— 156

43 コンテナオーケストレーション
Kubernetes/Docker Swarm ———— 158

44 OpenStack で実現するプライベート IaaS ———— 160

45 主なパブリッククラウド ———— 162

5章
Web システムの基礎知識

46 IT インフラを支える Web システム ———— 168

47 Web システムの構成 ———— 171

48 Web システムのプロトコル「HTTP」 ———— 177

49 Web アクセスをセキュア化する「HTTPS」 ———— 191

50 スケールアップ／スケールアウトによる高速化 ———— 200

51 プロキシ（代理応答）による高速化 ———— 203

52 キャッシュによる高速化 ———— 208

53 CDN システムによる高速化 ———— 210

54 ロードバランサー（負荷分散）による高速化 ———— 214

007

6章
ITインフラの構築・運用・監視

55 ITインフラの設計 220

56 ハードウェアの選定 224

57 ソフトウェアの選定 230

58 サーバー構築の基本 232

59 ネットワーク設定の基礎 234

60 セキュリティ対策の基礎 237

61 インフラ管理の日常業務 241

62 ソフトウェアの更新とパッチ管理 249

63 バックアップとリカバリー 252

64 監視システムの設計 256

65 ログ管理と分析 258

66 アラートと通知システム 262

目次　Contents

7章
障害対策とセキュリティ

67 障害対応プロセス ………………………………………… 266

68 障害復旧計画の策定 ……………………………………… 272

69 データ復旧計画 …………………………………………… 275

70 フォールトアボイダンスとフォールトトレランス ……… 278

71 コンプライアンス ………………………………………… 281

72 脆弱性管理とセキュリティ監査 ………………………… 284

73 アクセス制御と認証 ……………………………………… 286

74 暗号化とデータ保護 ……………………………………… 292

75 インシデントレスポンスとリカバリー ………………… 296

著者プロフィール ………………………………………… 298

索引 ………………………………………………………… 299

1章

ITインフラの
基礎知識

ITシステムの円滑な稼働には、ITインフラの
適切な構築・運用・管理が必須です。ITイン
フラは、ITシステムを支える重要な基盤であ
り、現在の私たちの生活になくてはならないも
のとなりました。この章では、ITインフラの
基本を解説するとともに、ITインフラの構築・
運用を担うITインフラエンジニアの仕事につ
いても紹介します。

Chapter 1　ITインフラの基礎知識

01 ITインフラとは

私たちの生活になくてはならないITシステムを円滑に稼働させるために必要なものの1つがITインフラです。本セクションでは、ITインフラとは何か、なぜ重要なのかといった基本的な概念を解説します。

● ITインフラとは何か

　ITの世界では「インフラ」という言葉を頻繁に耳にします。ビジネスや生活において重要な役割を果たしていることは多くの人が認識していますが、その具体的な内容や役割を正確に説明できる人は意外と少ないのではないでしょうか。

社会基盤として欠かせない重要なインフラ

　現代では、ガス・電気・水道などの社会インフラ、道路・鉄道・空港などの交通インフラと同じように、ネットワークやITシステムに代表される**ITインフラ**が、社会基盤として生活に欠かせない重要インフラとなりました。

　社会インフラや交通インフラのように、私たちの生活に欠かせない基盤を**生活インフラ**と呼びます。インフラとは**infrastructure**（インフラストラクチャー）の略語で、構造を意味する「structure」に、下を意味する接頭語の「infra」を組み合わせたものが語源です。「下支えをするもの」という意味合いがあり、ガス・水道・電気のように、「それがなければ生活が成り立たないもの」を指します。

　インターネットやスマートフォンが普及した現在では、ITシステムも生活に不可欠な存在であり、そのITシステムを下支えするITインフラの役割も非常に重要なものになっているのです。

ITシステムを円滑に稼働させるための基盤

　ITインフラには、ITシステムを支える基盤や仕組みという側面があります。すなわち、ITシステムを構成するネットワーク機器、サーバー、データ保存用

のストレージシステムなど、ITシステム全体を支えるインフラストラクチャーです。

　ITシステムを稼働させるには、適切にITインフラが構築され、しっかりと運用されていることが重要です。最近では、クラウドコンピューティングや仮想化技術が進化し、ITインフラの構築や管理がより複雑になっていますが、これらの新しい技術をうまく活用することで、ITシステムをより効率的に構築し、円滑に運用できます。

■ITシステムを支えるITインフラ

まとめ

- ITインフラは、社会基盤として生活に欠かせない重要なものである
- ITシステムの円滑な稼働には、ITインフラの適切な構築・運用が重要である

Chapter 1 ITインフラの基礎知識

02 ITインフラの構成要素

本セクションでは、ITインフラを構成する主要な要素について解説します。ハードウェアからソフトウェア、ネットワークに至るまで、各要素の特徴と相互関係を明らかにすることで、ITインフラの全体像をより深く理解できるでしょう。

● ITインフラを構成するハードウェア

ITインフラはITシステムを支えるインフラであり、複数の要素が組み合わさって機能する複雑なシステムです。それぞれの要素が果たす役割を理解することは、ITインフラ全体の仕組みを把握する上で不可欠です。

ITインフラを階層的に見ると、**ハードウェア**と**ソフトウェア**に分けられます。ハードウェアとソフトウェアが適切に連携することで、ITインフラ全体が機能します。

ITインフラを構成するハードウェアについて解説します。

エンドユーザー端末（パソコン／スマートフォン）

ITシステムにアクセスするための重要なインターフェースを提供します。個人利用を目的としたパソコンやスマートフォンの他、業務での利用を想定した専用端末や情報パッドなども、エンドユーザー端末の範疇に含まれます。これらのデバイスは、ユーザーがITシステムの機能やサービスを活用するためのフロントエンドとなっています。

サーバー

多くのITシステムでは、クライアント／サーバー方式のアプリケーションが採用されており、**サーバー**がアプリケーションの動作を支えています。サーバーは、パソコンと同様のパーツで構成されていますが、高速な処理性能を実現するため、より高スペックなパーツが使用されます。24時間365日の安定稼働のため、同じパーツを2個以上搭載し冗長化されることも一般的です。

アプリケーションの稼働以外にも、データベースの管理や、ユーザー認証など、さまざまな用途のサーバーが利用されています。近年では、クラウドサービス上の仮想サーバーを活用するケースも増えています。

サーバーはITシステムの中心を担う大切なインフラ要素です。高性能かつ高信頼性を備えることで、システム全体の安定稼働に貢献します。

■ ITインフラを構成する主なハードウェア

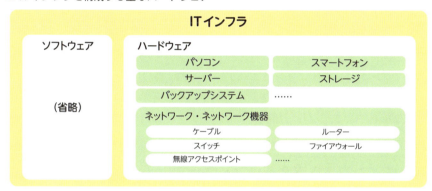

ストレージ

データを保存する重要な装置です。パソコンでも使用されるハードディスク（HDD）やソリッドステートドライブ（SSD）などのパーツが利用されますが、データ損失のリスクを軽減するため、複数のHDDやSSDを組み合わせて冗長性の高いストレージ装置として構成されることが多いです。また、24時間365日の連続稼働に耐えられるよう、高性能なパーツが採用されています。ストレージはデータを確実に保持し続けるよう、大量のデータを安定して保管することで、ITシステム全体の機能を支えています。

バックアップシステム

ストレージに保存されたデータの複製を別の場所に保管することで、万が一の事故やトラブルに備えるのに重要な役割を果たします。通常のストレージと同様に、HDDやSSDなどのデバイスを活用しつつ、より冗長性を高めてバックアップシステムとして利用したり、テープドライブのような、より長期的な保管に適したメディアも活用されたりします。バックアップシステムを導入す

ることで、ストレージ上のデータを確実に保護し、障害発生時の復旧を迅速に行えるようになります。

ネットワーク

エンドユーザー端末、サーバー、ストレージ、バックアップシステムなどの各コンポーネントを相互に接続し、通信を制御する機能を担っています。さらに、インターネット回線や携帯電話回線などの外部システムとのアクセスを可能にする役割も果たします。ネットワークはITインフラ全体を有機的に結び付け、各要素間を連携するのに、重要な役割を果たしています。高速で安定した通信を提供することで、ITシステム全体の信頼性と可用性を向上させます。

ネットワークを構成するのは、ルーター、スイッチ、ファイアウォールなどの通信機器や、ケーブル、無線アクセスポイントといった通信媒体です。

● ITインフラを支えるソフトウェア

ITインフラを構成する代表的なソフトウェアについて解説します。詳しくは第3章をご覧ください。

OS

コンピューターを動作させるための根幹となるのが**OS**（オペレーティングシステム）です。OSは、CPU、メモリ、ストレージなどのハードウェアリソースの管理や、各種デバイスの制御を行うプログラムの集まりです。

代表的なOSには、パソコンで広く使われているWindowsやmacOS、サーバーで活用されるLinuxやWindows Serverなどがあります。これらのOSは、ユーザーが快適に各種アプリケーションを利用できるよう、コンピューター全体の基本的な動作を司っています。近年、スマートフォンやタブレットの普及に伴い、AndroidやiOSといったモバイル向けOSが台頭しており、デバイスの多様化とともにOSの選択肢も拡大しています。

OSは、ハードウェアとアプリケーションの間に立って、両者を調整する役割を果たします。コンピューター全体が円滑に機能するのに、OSは不可欠です。

■ ITインフラを構成する主なソフトウェア

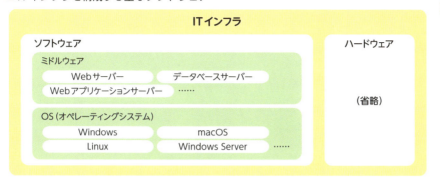

ミドルウェア

　OSとアプリケーションの間に位置し、橋渡し的な役割を果たすのが<u>ミドルウェア</u>です。アプリケーションが一般的に必要とする機能を提供することで、アプリケーション開発の簡素化とコスト削減を実現します。コンピューターシステム全体の機能向上に欠かせない基盤ソフトウェアと言えます。

　代表的なミドルウェアには、データベースサーバーやアプリケーションサーバーが挙げられます。とくにWeb技術を活用したアプリケーションサーバーが広く普及しており、Webアプリケーションサーバーとも呼ばれます。

　近年では、クラウド環境でも利用できるミドルウェアサービスが登場するなど、ミドルウェアの形態も多様化しています。アプリケーション開発者がミドルウェアの機能を活用することで、効率的かつ高度なシステム構築が可能となっています。詳しくは第3章で解説しています。

まとめ

- ITインフラはさまざまな要素から構成される
- 階層的に見るとハードウェアとソフトウェアに分けられる
- ハードウェアとソフトウェアが連携し、ITインフラ全体が機能する

Chapter 1　ITインフラの基礎知識

03　ITインフラの形態

ITインフラは、企業の規模や目的、技術の進化に応じてさまざまな形態で構築され、それぞれ特徴やメリットがあります。本セクションでは、代表的なITインフラの3つの形態について解説します。

● ITインフラの主要な3形態

ITインフラを構築するには、かつては物理的なサーバーやネットワーク機器を自前で用意するのが一般的でした。しかし近年、コンピューティング、ストレージ、ネットワークなどのITリソースがインターネット経由でオンデマンドで提供されるクラウドコンピューティングが台頭したことで、ITインフラの形態が多様化しました。

ITインフラの主要な3つの形態について解説します。

オンプレミス

オンプレミスは、自社で物理的なサーバー、ストレージ、ネットワーク機器などのITリソースを所有し、社内や契約したデータセンターに構築する形態です。セキュリティ、カスタマイズ性、可用性が高い反面、運用・保守の負担が大きくなります。初期費用が高額になりますが、データの秘匿性を確保でき、独自のシステムを柔軟に構築できるメリットがあります。

パブリッククラウド

パブリッククラウドは、AWS、Microsoft Azure、Google Cloudなどのクラウドサービスを利用する形態です。物理サーバーやネットワーク装置といったハードウェアを所有することなく、企業でも個人でも必要な時に必要なだけコンピューターリソースを使えるため、初期費用が低く、保守・運用の負担を軽減できます。

ただし、不特定多数のユーザーがコンピューターリソースを共有するため、

018

コスト効率が良い一方で、セキュリティ上の懸念があります。クラウド事業者が一括して運用・管理を行うため、システム運用コストを抑えられ、サービス初期段階で設備投資ができないスタートアップ企業や個人でも気軽に利用可能です。

■ オンプレミス／パブリッククラウド／プライベートクラウド

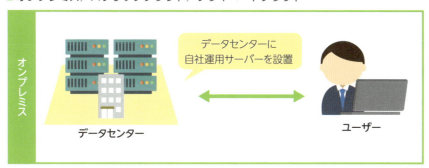

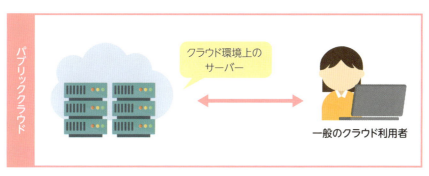

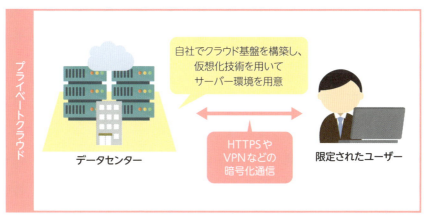

プライベートクラウド

プライベートクラウドは、自社でクラウド基盤を構築し、仮想化技術を用いてリソースをプール化し、社内で利用する形態です。セキュリティが高く、カスタマイズ性に富むものの、クラウド基盤の構築・運用コストがかかります。機密データの取り扱いが必要な場合や、クラウドベンダーが提供するサービスでは要件を満たせない場合に適しています。クラウド障害時の復旧作業は自社で行う必要があります。

○ ハイブリッドクラウド

なお、近年では、オンプレミスとパブリッククラウドを組み合わせた**ハイブリッドクラウド**の利用が増えています。ハイブリッドクラウドのメリットや、あらためてオンプレミスが注目される背景については、「Section 38　オンプレミスへの回帰」で解説していますので参考にしてください。

まとめ

- ITインフラには、オンプレミス・パブリッククラウド・プライベートクラウドの3形態がある
- オンプレミスは初期費用が高額だが、独自のシステムを柔軟に構築できるメリットがある
- パブリッククラウドは初期費用が低く、保守・運用の負担を軽減できる
- プライベートクラウドはセキュリティが高くカスタマイズ性に富むが、構築・運用コストがかかる
- オンプレミスとパブリッククラウドを組み合わせたハイブリッドクラウドも増えている

Chapter 1 ITインフラの基礎知識

04 ITインフラ選択のポイント

適切なITインフラの選択は業務効率や競争力に直結する重要な課題です。しかし、技術の急速な進化や選択肢の多様化により、最適な選択は容易ではありません。本セクションでは、ITインフラの選択時に考慮すべき主要なポイントを解説します。

● 何を基準に選択すべきか

　ITインフラをどの形態で構築するかという選択は、企業の成長戦略や業務効率化に直結する重要な経営判断です。選択の際には、ビジネス要件、セキュリティ要件、コストなど、**多角的な視点からの慎重な検討**が求められます。適切にITインフラの形態を選択することで、業務プロセスの最適化、データ管理の効率化、さらにはイノベーションの促進まで、幅広い効果が期待できます。

　一方で、不適切な選択は、運用コストの増大やセキュリティリスクの上昇、さらには事業の成長を阻害する要因となりかねません。そのため、現在の業務ニーズだけでなく、将来の事業展開も見据えた総合的で長期的な視野にたった判断が不可欠です。

● 選択のポイント

オンプレミスが適したケースと注意点

　機密性の高いデータを扱う場合や、特化したシステムが必要な場合はオンプレミスが適しています。しかし、初期コストと運用コストが嵩むため、それを見越した事業計画と人員確保が必要です。

パブリッククラウドが適したケースと注意点

　パブリッククラウドは費用対効果が高く、スタートアップなどの新規事業にとくに適しています。Webシステムやデータ分析基盤などのユースケースは多数ありますが、機密データを扱う上では慎重な検討が必要です。パブリック

クラウドを利用する際はベンダーロックインリスクに注意が必要です。

プライベートクラウドが適したケースと注意点

　プライベートクラウドは、セキュリティレベルを非常に高くする必要がある
ケースや、システムをニーズに合わせて細かくカスタマイズする必要がある
ケースに適しています。ただし、環境を構築し運用するには、専門的な知識と
スキルを持った人材を確保する必要があります。相応のコスト負担を覚悟しな
ければなりません。

■ オンプレミスのメリットとデメリット

メリット	・データの完全な管理が可能で秘匿性が高い ・システムの完全なカスタマイズが可能 ・ベンダーロックイン（特定ベンダーの製品／サービスに過度に依存し、他ベンダーへの切り替えが困難な状況）のリスクがない
デメリット	・初期投資コストが高額 ・運用・保守の手間が大きい ・リソース調達の柔軟性が低い（ピーク時の需要に合わせたリソースが必要）

■ パブリッククラウドのメリットとデメリット

メリット	・初期コストがかからずすぐに利用可能 ・リソースを柔軟に調達でき、スケーラビリティが高い ・ベンダーが運用、保守を担うため手間が少ない
デメリット	・ベンダーに依存するリスクとロックインの懸念 ・機密データの取り扱いには不向き ・サービスの範囲内でのみカスタマイズ可能

■ プライベートクラウドのメリットとデメリット

メリット	・セキュリティが高く機密データの取り扱いに適する ・柔軟なカスタマイズが可能 ・オンプレミスに比べてリソース利用が柔軟
デメリット	・専門性が必要でクラウド基盤の構築・運用コストが高い ・ベンダーによるサポートが十分に得られない

これら以外にも、オンプレミスとクラウドを組み合わせた「ハイブリッドクラウド」、複数のクラウドプロバイダーのサービスを併用する「マルチクラウド」、インフラの管理を完全にクラウドプロバイダーに委ねた「サーバーレスコンピューティング」など、新しいITインフラの形態が次々と登場しています。

ビジネスの成長に伴うインフラ規模の拡大、新たなサービスの導入、セキュリティ要件の厳格化、またはコスト最適化の必要性が生じた際には、これらの新しい選択肢も含めて、より幅広い視点から自社に最適なITインフラ形態を再検討する必要があります。

■ オンプレミス／パブリッククラウド／プライベートクラウドの比較

項目	オンプレミス	パブリッククラウド	プライベートクラウド
データ管理	自社で完全に管理可能	クラウドベンダーに依存	自社で完全に管理可能
セキュリティ	高い	低い	高い
システムカスタマイズ性	完全にカスタマイズ可能	クラウドベンダーの提供範囲内	自社で自由にカスタマイズ可能
初期コスト	高い	低い	高い
運用コスト	高い	低い	高い
スケーラビリティ	低い	高い	高い
ベンダーロックイン	なし	あり	なし
運用保守	自社で実施	クラウドベンダーが実施	自社で実施
設置場所	自社施設	クラウドベンダーの施設	自社施設または契約施設

> **まとめ**
>
> - ITインフラの形態を選択する際は、さまざまな視点での慎重な検討が必要である
> - 適切な選択により、業務プロセスの最適化やデータ管理の効率化といった効果が期待できる

Chapter 1 ITインフラの基礎知識

05 ITインフラエンジニアの歴史と現状

ITインフラエンジニアの仕事には、ハードウェアからソフトウェア、運用・管理に至るまで、ITシステムの基盤を支える幅広い役割が含まれます。ユーザーへの高品質なサービス提供を実現するため、常に最適化に取り組む必要があります。

● ITインフラエンジニアとは

　本書では**ITインフラエンジニア**を、「ITインフラを専門に扱う技術者」を指す言葉として用いています。具体的には、ネットワークやサーバー、ストレージなどのシステム基盤を設計・構築・運用するエンジニアを想定し、とくにインターネットに関連したシステムを中心に取り扱っています。ITインフラエンジニアという職業が成立しているのは、ITシステムを階層別に捉えられるようになり、ITインフラに特化した専門家が必要とされるようになってきたためです。

　ITインフラエンジニアは、2000年前後の商用ブロードバンドサービスの登場とともに知られるようになりました。従来、組織内部でのコンピューターやネットワークの運用・管理は、その組織の専任の担当者が担っていました。しかし、インターネットとWebの普及により、組織の情報発信やオンラインサービスの提供が一般化したことで、組織外部と繋がるITインフラの運用がより重要になり、ITインフラ部門やITインフラエンジニアに対する需要が高くなりました。

　現在では、ブロードバンド回線の広がりやスマートフォンの爆発的な普及に伴い、通信網、情報機器、アプリケーションのバックエンドなど、ITインフラエンジニアの活躍の場は大きく広がっています。

● フルスタックエンジニアとは

　現在、ITインフラエンジニアには広範囲にわたる技術的知識が求められます。

そのため、ソフトウェアからハードウェアまでシステム全体を理解し、設計・構築できる**フルスタックエンジニア**が注目されるようになりました。

フルスタックエンジニアとは、OSやミドルウェアといったソフトウェア領域から、サーバー、ストレージ、ネットワークといったハードウェア領域まで、ITシステムを構成するすべての要素に精通した技術者を指します。このような包括的な知識と技術を持つ人材は、システム全体の最適化やトラブルシューティングなどで大きな力を発揮できますが、ITシステムが急速に複雑化してきたため、1人でシステム全体をカバーできるフルスタックエンジニアを見つけるのは難しくなっています。

■ フルスタックエンジニア

フロントエンド開発
Webサービスやアプリケーションの操作画面など、ユーザーの目に直接触れる領域の開発

サーバーサイド構築・管理
サーバー構築、OSやミドルウェア（Webサーバー、データベース）の管理、サーバーサイドアプリケーションの開発

インフラ管理・保守
サーバー、ストレージ、ネットワークといったハードウェアの管理と保守

- ITインフラを専門に扱う技術者が必要とされている
- ITインフラ専門のエンジニアには広範囲にわたる技術的知識が求められる
- フルスタックエンジニアはITシステムを構成するすべての要素に精通した技術者である

Chapter 1 ITインフラの基礎知識

06 ITインフラエンジニアの仕事

ITインフラエンジニアは、ITインフラの設計から構築、運用、管理、改善までの各工程で重要な役割を担います。ここでは、ITインフラエンジニアの具体的な仕事の内容について解説します。

● ITインフラエンジニアの役割

ITシステムの開発には、さまざまな分野のエンジニアが携わります。プロジェクトマネージャー、システムエンジニア、フロントエンドプログラマー、バックエンドプログラマーなど、それぞれが重要な役割を果たしています。その中で、ITインフラの構築と運用を担うのがITインフラエンジニアです。ITシステムが稼働するためには、サーバーやネットワークなどの基盤が必要不可欠です。プロジェクトマネージャーが開発全体を統括し、システムエンジニアがITシステム全体の設計・構築を行い、プログラマーがアプリケーションを開発しても、その根幹を支えるITインフラが不安定であれば、ITシステム全体としては本来の性能を発揮できません。ITインフラエンジニアは、システムの根幹を支える重要な存在です。

最適なITインフラを設計・構築する

ITインフラエンジニアの役割は、ITシステムに適した適切なインフラを設計・構築することから始まります。ITシステム全体の設計・構築を行うシステムエンジニアから、想定される同時接続数やデータ量などの要件が提示されます。ITインフラエンジニアはこれらの情報をもとに、ネットワーク回線の容量や、サーバー・ストレージといったハードウェアの性能などを試算し、最適なITインフラの構成を検討します。

試算が不十分だと、将来的なアクセス増加に対応できなくなる危険があります。一方で余裕を持たせすぎても無駄なコストがかかってしまいます。ITインフラエンジニアには、適切な規模を見極める能力が求められます。

026

安定稼働のためにメンテナンスや最適化を実施する

　設計・構築したインフラを、安定して運用し続けることもITインフラエンジニアにとって重要な役割になります。サーバーやネットワークの監視、障害対応、パフォーマンス改善など、日々のメンテナンス業務に加えて、将来を見据えた最適化にも取り組む必要があります。

　ITインフラエンジニアには、高度な専門知識と柔軟な対応力が求められます。ビジネス要件に合わせた提案力も期待されています。**ITシステムの根幹を支え、ビジネス価値の最大化に貢献する**のが、ITインフラエンジニアの責務です。

■ITインフラエンジニアの役割

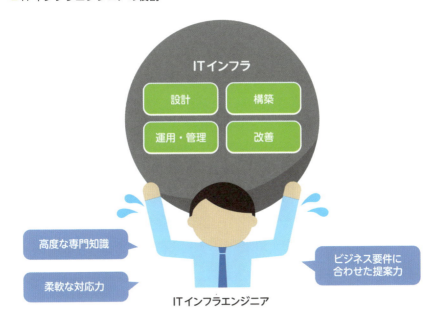

● ITインフラエンジニアの仕事

　ITインフラエンジニアの仕事は、設計から構築、運用・管理、改善まで幅広く、業務要件分析、システム構成検討、機器設定、障害対応、パフォーマンス管理など、インフラ全体のライフサイクルをカバーする重要な役割を担っています。安定稼働と継続的な改善を実現するため、幅広い知識とスキルが求められます。

　ITインフラを設計・構築するにあたっては、十分な計画と検討が必要不可欠です。そして、完成した後も、それを適切に維持・運用していくための作業が欠かせません。

　ITインフラエンジニアの仕事は、大きく分けて「設計」「構築」「運用・管理」「改善」の4つの工程に分類されます。設計では要件定義やシステム構成の検討を行い、構築ではハードウェアやソフトウェアの導入設定を行います。運用・管理では日々の監視やパッチ適用、障害対応などを担当し、改善では新技術の検討や運用の自動化を図ります。

■ ITインフラエンジニアの仕事

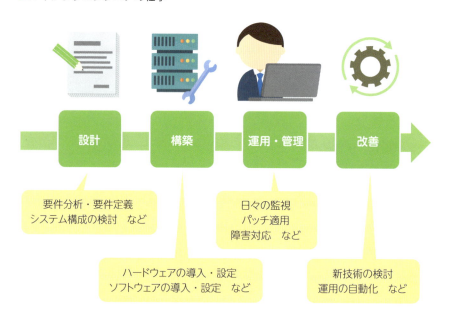

● ITインフラの設計

ITインフラエンジニアは、まず業務要件を十分に分析し、それに適したシステム構成を検討します。この段階で、オンプレミス環境とクラウド環境のどちらが適しているか、あるいは両者を組み合わせたハイブリッド構成が最適かを判断します。

・オンプレミス環境

オンプレミス環境の場合、具体的には必要なハードウェア、ソフトウェア、ネットワーク機器などを選定し、システム全体の設計を行います。この方式では、データやシステムを自社で完全に管理できる利点がありますが、初期投資と運用コストが高くなる傾向があります。

・クラウド環境

一方、クラウド環境を選択する場合、適切なクラウドサービスプロバイダーとサービスを選定し、クラウドリソースの設計を行います。クラウドは柔軟なスケーラビリティと迅速なリソース提供が特徴で、従量課金制により初期投資を抑えられる利点があります。また、運用管理の負担軽減やグローバル展開の容易さも魅力です。ただし、長期的にはコストが嵩む傾向にあり、また、データの所在やセキュリティに関する懸念もあるため、ITインフラの形態を選択する際には、ビジネスニーズや規制要件、長期的なコスト予測を含めた慎重な検討が必要です（「Section 04　ITインフラ選択のポイント」を参照）。

どちらの環境を選択する場合も、スケーラビリティ、可用性、セキュリティなどの観点から、適切な設計を行う必要があります。さらに、導入時のコストだけでなく、運用コストの見積もりも行います。クラウドの場合は、リソースの使用量予測と最適化がとくに重要になります。これらのコストを見極めながら、最適なシステム設計を行います。

ITインフラの設計には、業務要件の深い理解と豊富な技術知識が求められます。とくに近年は、オンプレミスとクラウドの両環境に精通し、それぞれの長

所と短所を理解した上で最適な選択ができる能力が重要です。ITインフラエンジニアは、これらの設計工程を通して、安定稼働かつ効率的なシステム構築に繋げます。

■ ITインフラ設計の具体的な業務内容

業務内容	具体的な作業の例
業務要件の分析	・現行システムの調査と分析 ・ユーザーへのヒアリングとニーズの把握
要件の定義	・性能要件の策定（処理速度、同時接続数など） ・セキュリティ要件の定義 ・可用性・拡張性要件の設定 ・インフラ形態（オンプレミスかクラウドか）の選択
システム構成の検討	・ハードウェア構成の設計 ・ネットワーク構成の設計 ・クラウド環境の設計
コストの見積もり	・初期導入コストの算出 ・運用保守コストの予測 ・TCO（総所有コスト）の計算

● ITインフラの構築

ITインフラの構築工程では、設計段階で検討した内容を具体的に実装します。構築作業の内容は、選択したインフラ形態（オンプレミス、クラウド、またはハイブリッド）によって異なります。

オンプレミス環境の場合、まず、必要なハードウェア機器を調達し、キッティング（設定作業）やケーブリング（配線作業）を適切に行います。サーバー、ストレージ、ネットワーク機器などを、設計通りにセットアップします。物理的なデータセンターや社内サーバールームでの作業が中心となります。

クラウド環境の場合、物理的な機器の設置は不要ですが、クラウドプロバイダーの管理コンソールを使用して、仮想マシン、ストレージ、ネットワークなどの仮想リソースをプロビジョニング（設定・利用可能にする）します。これはオンプレミスでのハードウェアのセットアップに相当する作業になります。

次に、OSやミドルウェアのインストールと設定を行います。これはオンプレミス、クラウドともに必要な作業になります。業務要件に合わせて最適な設

定を施し、システムやアプリケーションを稼働させる準備を整えます。

　さらに、バックアップ機能や監視ツールの導入も行います。オンプレミスの場合は物理的なバックアップシステムを構築し、クラウドの場合はクラウドネイティブなバックアップサービスを利用します。ハイブリッド構成の場合、両方を組み合わせることもあります。これらのツールは障害発生時の復旧や、日常的なパフォーマンス管理に不可欠です。

　加えて、クラウド環境では、オートスケーリングの設定や、クラウドネイティブなセキュリティサービスの活用など、クラウド特有の機能の設定も行います。また、**Infrastructure as Code** を活用して、インフラ構成を自動化することも一般的です。

　ITインフラを構築する上では、設計で検討した内容を具体化し、機器やリソースの設置・プロビジョニング、各種ソフトウェアの導入、適切な設定を行うことが主な作業となります。近年では、従来のオンプレミス技術とクラウド技術の両方に精通していることが、ITインフラエンジニアに求められる重要なスキルとなっています。

■ ITインフラ構築の具体的な業務内容

形態	業務内容	具体的な作業の例
オンプレミス環境	機器の調達	・サーバー、ストレージ、ネットワーク機器の発注 ・納品スケジュールの管理
	キッティング（設定作業）	・ハードウェアの初期設定 ・ファームウェアのアップデート ・IPアドレスの割り当て
	ケーブリング（配線作業）	・LANケーブルの敷設 ・電源ケーブルの配線と管理
	OSやミドルウェアのインストールと設定	・OSのインストールと初期設定 ・データベース管理システムの導入 ・Webサーバーソフトウェアの設定
クラウド環境	プロビジョニング	・クラウドリソース（仮想マシン、ストレージ、ネットワークなど）のセットアップ
共通	バックアップ機能や監視ツールの導入	・バックアップソフトウェアの導入と設定 ・ネットワーク監視ツールのインストール ・ログ管理システムの構築

ITインフラの運用・管理

構築したITインフラを適切に維持・管理していくには、日常的な監視とパフォーマンス管理が欠かせません。ITリソースの稼働状況を把握し、必要に応じてチューニングを行うことで、最適な性能を維持します。

また、ソフトウェアのパッチ適用やバージョンアップなども適切に行う必要があります。セキュリティ強化やバグ修正など、常に最新の状態を保つよう管理します。さらに、ストレージや仮想サーバーなどの容量管理も重要です。使用状況を把握しつつ、計画的に増強を行うことで、システムの可用性を維持します。万が一の障害発生時には、迅速な対応と確実な復旧が求められます。障害対応マニュアルの整備や、定期的なバックアップやデータ復旧訓練を通して、確実な復旧体制を構築します。

日々の運用管理業務に加え、運用ドキュメントの作成・更新や、ユーザーサポートなども担当します。

■ ITインフラ運用・管理の具体的な業務内容

業務内容	具体的な作業の例
正常性の確認	・システムログの定期的なチェック ・ハードウェアの稼働状態モニタリング
障害対応	・障害の切り分けと原因特定 ・緊急時の復旧作業 ・再発防止策の立案と実施
ITリソースの 稼働状況を把握	・CPU、メモリ、ディスク使用率の監視 ・ネットワークトラフィックの分析
必要に応じた最適化	・サーバーリソースの再配分 ・パフォーマンスチューニング
パッチの適用やバージョンアップ	・セキュリティパッチの適用 ・OSやミドルウェアのバージョンアップ計画立案 ・アップデート作業の実施と影響確認
セキュリティの強化	・ファイアウォールルールの見直しと更新 ・不正アクセス検知システムの監視 ・セキュリティポリシーの定期的な見直し
データのバックアップ	・定期的なフルバックアップの実行 ・差分／増分バックアップのスケジュール管理 ・バックアップデータの整合性チェック

● ITインフラの改善

単に構築したシステムを維持・管理するだけでなく、**継続的な改善を行う**ことも重要な責務です。定期的な見直しを行い、現行のシステム構成や運用プロセスの最適化を提案します。利用者のニーズの変化やテクノロジーの進化に合わせて、絶えずシステムの改善を検討する必要があります。

また、新しい技術の評価と導入可能性の検討も欠かせません。仮想化、クラウド、AIなど、最新のIT技術をいち早く取り入れ、インフラの高度化を図ります。とくに、クラウドサービスの活用は現代において重要なテーマです。オンプレミスのシステムからクラウドへの移行や、ハイブリッド環境の構築など、柔軟なITインフラ設計が求められます。さらに、日々の運用プロセスの自動化や効率化にも取り組み、ワークフローの最適化やスクリプト化など、ITインフラの生産性向上に尽力します。

■ ITインフラ改善の具体的な業務内容

業務内容	具体的な作業の例
システム構成の最適化	・サーバーの統合や仮想化の検討 ・ネットワークトポロジーの見直し
運用プロセスの最適化	・自動化ツールの導入検討 ・運用手順書の改訂 ・運用改善
システムの改善	・パフォーマンスボトルネックの特定と解消 ・スケーラビリティの向上
運用コストの最適化	・クラウドサービスの活用検討 ・エネルギー効率の高い機器への更新 ・ライセンス管理の効率化
新しい技術の評価	・コンテナ技術やマイクロサービスの調査 ・AI/機械学習の運用への適用可能性検討
新しい技術の導入可能性を検討	・プルーフオブコンセプト（PoC）の実施 ・費用対効果の分析 ・導入リスクの評価

◯ ITインフラエンジニアになるには

ITインフラエンジニアは、主に企業のITインフラを設計、構築、運用、保守する専門家です。この職種に就くには、まず基礎知識の習得が重要です。コンピューターサイエンスの基礎、とくにネットワーク、データベース、OS、セキュリティについて学ぶ必要があります。

具体的な技術スキルも必要です。LinuxサーバーやWindowsサーバーの管理、ネットワーク設定、仮想化技術、クラウドサービスの知識が求められます。PythonやBashなどのスクリプト言語を使ったプログラミングスキルは、あると非常に役立ちます。これらのスキルを証明するためには、CCNA[注1.1]やAWS認定プログラム[注1.2]などの資格取得を目指すのもひとつの方法です。

実践経験を積むには、個人プロジェクトやインターンシップを通じて、実際に役立つ知識を学ぶことが大切です。また、技術スキルだけでなく、コミュニケーション力やプロジェクト管理のようなソフトスキルも向上させる必要があります。

IT業界は常に進化しているため、最新技術を学び続けることが必要不可欠です。クラウド技術、DevOps、コンテナ技術などの最新トレンドを継続的にキャッチアップする姿勢が大切になります。

まとめ

▷ ITインフラエンジニアの仕事は、大きく設計、構築、運用・管理、改善に分けられる

▷ ITシステムの根幹を支え、ビジネス価値の最大化に貢献することがITインフラエンジニアの責務である

注1.1　CCNA（Cisco Certified Network Associate）はCisco Systems社が提供するネットワークの基本的なスキルや知識を証明する認定資格。

注1.2　クラウドサービスAWS（Amazon Web Services）の技術的な知識とスキルを証明する資格認定プログラム。

2章

ネットワークの基礎知識

ネットワークは、ITインフラには欠かせない技術要素です。これにはルーター、スイッチ、通信ケーブルなどの物理的要素や、データを適切な宛先へ効率的に送信する論理的要素までさまざまなものがあります。本章では昨今のネットワーク事情から、押さえておきたいプロトコルやネットワークの構成要素の概要について解説します。

Chapter 2 ネットワークの基礎知識

07 ネットワークとは

ITにおけるネットワークは、コンピューターやデバイスが情報を共有したりリソースにアクセスしたりするための環境を提供し、日常生活からビジネスに至るまで、日々のコミュニケーションと情報の取り扱いに欠かせないものとなっています。

● ITにおけるネットワークとは

ネットワークの語源は、人や物を結び付けることを指す表現で、ITの文脈では、コンピューター、サーバー、スマートフォン、IoTデバイスなどがデータを共有し情報をやり取りするために相互に接続されている状態を意味します。これらのデバイスは、有線のケーブルや無線通信技術によって接続されます。

ネットワークにはさまざまな規模や形態があります。家庭内ネットワークでは、現在は主にWi-Fiルーターを介してデバイスが接続されます。一方、企業のような大規模なネットワークでは、多数のコンピューターやサーバーが複雑に接続された広範なネットワークが、物理的なネットワークケーブルやWi-Fiアクセスポイントを介して構築されています。

さらに、これらのネットワークがインターネットという全世界を繋ぐ巨大なネットワークに接続されることで、地球上のどこにいても情報を共有し、リアルタイムにコミュニケーションを取ることが可能になります。ネットワーク技術は日々進化しており、新しいタイプの通信方法やデータ共有技術が開発されています。これにより、私たちの生活はより便利で効率的なものとなり、ネットワークは欠かせないインフラとなっています。

● ITインフラエンジニアとネットワーク知識

近年、クラウドサービスを利用したITシステム構築が増え、ネットワークやシステムの構築は以前より容易になりました。しかし、ITインフラの世界では、現在でも物理サーバーや物理ネットワーク機器を使って自分たちで構成／構築

036

することがあります。この過程では、単に接続するだけでは十分な性能を得られず、ネットワークの仕組みやデバイスの特性・役割についても理解する必要があります。

また、クラウドサービスを利用する場合もネットワークの基本的な知識は役に立ちます。理解を深めた上でクラウドサービスを利用することで、より効果的にシステムを構築でき、トラブルシューティングにも役立てられます。

■ 現代のネットワーク

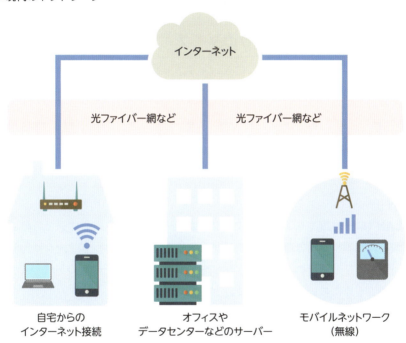

まとめ

- ネットワークでは、サーバーやスマートフォンなどさまざまなデバイスが相互に接続される
- ITエンジニアにとって、ネットワークの知識は不可欠のものである

Chapter 2　ネットワークの基礎知識

08 ネットワークの種類

ネットワークにはいくつかの主要な種類がありますが、接続されたデバイスの範囲や利用目的に応じてさまざまな形態をとり、個人から企業、公共機関まで幅広い用途で利用されています。ここでは基本的なネットワークの種類について解説します。

● 基本的なネットワークのタイプ

　ここでは、4つの主要なネットワークタイプを解説します（これら以外にもさまざまな名前が付いたネットワークの種類が存在します）。これらのネットワークタイプは異なる規模・用途・範囲で機能しながらも、それぞれが互いに補完し合う関係にあり、現代社会における情報技術インフラの重要な柱となっています。

LAN

　LAN（ローカルエリアネットワーク）は、一般的には家庭やオフィスのような限られたエリア内でのネットワークを指します。このネットワークは比較的狭い範囲内に設置され、コンピューター、プリンター、その他のデバイスが互いに通信するために用いられます。

WAN

　WAN（ワイドエリアネットワーク）は、その名の通り、広範囲にわたるエリアをカバーするネットワークです。このネットワークは、都市、またはそれを超える範囲でデバイスやLANを接続するために使用されます。

　WANの最も一般的な用途は、地理的に離れた場所にあるオフィスや施設間の接続です。

■ LANとWAN

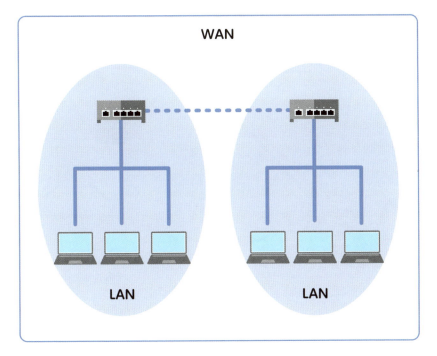

インターネット

　<u>インターネット</u>は、世界中の無数のさまざまなネットワークが互いに連結された最大規模のネットワークとも言えます。私たちは、インターネットサービスプロバイダー（ISP）のネットワークサービスを介してWebサイトを閲覧したり、電子メールを送受信したり、ビデオ通話をしたりといった多岐にわたるサービスを利用しています。

モバイルネットワーク

　<u>モバイルネットワーク</u>は、携帯電話、スマートフォンやIoTなどの持ち運び可能なデバイスが無線通信を利用してインターネットや他のネットワークにアクセスするためのネットワークです。5Gなどに対応した通信モジュールを搭載したデバイスが通信事業者が提供するモバイルネットワーク設備を通じて通信を行います。昨今では最も身近なネットワークの1つです。

■ さまざまなネットワークが相互接続されてインターネットを形成

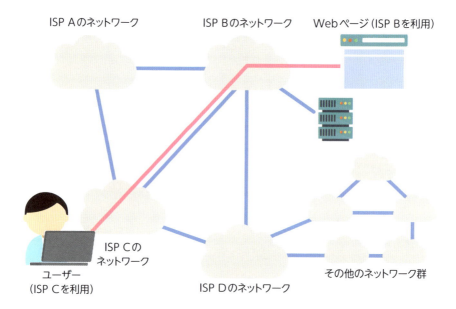

■ モバイルネットワークとインターネット

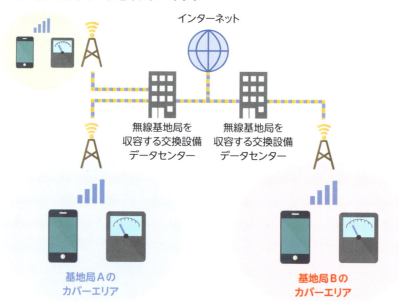

有線ネットワークと無線ネットワーク

有線ネットワーク

　<u>有線ネットワーク</u>は、物理的なケーブルを使用してデバイスを接続する方法です。最も一般的なのはイーサネットケーブルで、これを使ってコンピューター、ルーターなどのデバイスが接続されます。有線ネットワークは安定性と信頼性、セキュリティ面で優位な場合が多いですが、設置やデバイスの移動に制限があります。

無線ネットワーク

　<u>無線ネットワーク</u>は、電波を使ってデバイスを接続する方法です。Wi-Fiは、一般的に利用されている無線ネットワークの1つです。スマートフォンやノートパソコンなどは、Wi-Fiルーターに無線で接続してインターネットを利用することが一般的です。無線ネットワークは利便性と柔軟性に優れ、ケーブルが不要なためデバイスを自由に移動させることができ、設置も簡単です。しかし、有線ネットワークと比較すると電波干渉による接続の安定性やセキュリティ面で懸念が出る場合があります。

まとめ

- LANは家庭やオフィスのような限られたエリア内のネットワークを指す
- WANはより広範囲をカバーもので、地理的に離れたオフィスや施設間を接続したネットワークなどが挙げられる
- インターネットは世界中のネットワークが互いに連結されたネットワークである
- 物理的なケーブルを使用したネットワークを有線ネットワーク、電波を使って接続するネットワークを無線ネットワークと言う

Chapter 2 ネットワークの基礎知識

09 ネットワークの接続構造

ネットワークの接続構造とは、コンピューターやその他のデバイスがどのように接続されているかを表す構造です。それぞれが異なる利点と制約を持ち、この形によりネットワークの効率と信頼性が決まります。ここでは主要な形について解説します。

● ネットワークトポロジー

ネットワークトポロジーとは、コンピューターネットワークにおいてデバイス間の物理的または論理的な接続構造を指します。ネットワークの設計図とも言え、どのようにデバイスが相互に通信するかを示しています。

ネットワーク内の各デバイスは**ノード**と呼ばれ、これらのノードはリンクによって互いに接続されます。ノードはコンピューター、プリンター、スイッチ、サーバーなどのデバイスを指し、リンクはこれらノード間を結ぶケーブルや無線接続を意味します。ここでは主要な4つのトポロジーを、日常の例を交えて解説します。

バス型

バス型では、すべてのデバイスが単一の通信路（バス）に接続されます。データはこのバスを介して流れ、すべてのデバイスは同じ通信路を共有します。利点は設置が簡単でコストが低いことですが、バスに問題が発生するとネットワーク全体に影響が出るというリスクがあります。路線バスに乗る人々が同じ道路を共有しているようなもので、1つの道が塞がれば全員の移動に影響が出ます。

リング型

リング型では、各デバイスがリング状に接続され、データは一方向に流れます。この一方向性により、データ転送が非常に効率的に行われます。しかし、リングの一部が故障すると、修復されるまで全体のデータの流れが止まる可能

042

性があります。一方通行の道路に似ており、一箇所で問題が発生すると全体の流れが影響を受けることがあります。

■ バス型とリング型

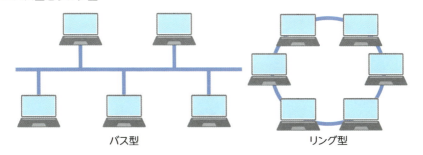

バス型　　　　　　　　　リング型

スター型

<u>スター</u>型では、ネットワーク内のすべてのデバイスが1つの中心点に接続されます。この中心点は通常、ハブやスイッチといったネットワークデバイスが務めます。最大の利点は、1つの接続が失われても他のデバイスには影響がないことです。家庭のWi-Fiネットワークでは、各デバイスはWi-Fiルーターに直接接続され、ルーターが通信の中心となっているはずです。スター型はハブ＆スポーク型とも呼ばれます。

メッシュ型

<u>メッシュ型</u>は、ネットワーク内のデバイスが複数の他のデバイスと直接、間接的に接続されています。このため、非常に高い冗長性と信頼性を提供します。1つまたは複数の接続が失われた場合でも、他の多くの経路が利用可能であるため通信の継続が可能です。メッシュ型は都市の交通網にたとえられ、多くの道が互いに繋がっているため、1つの道路が使えなくなっても他の道を通じて目的地に到達できます。メッシュ型をすべてのポイントで繋ぐものはフルメッシュ型とも言います

■ スター型とメッシュ型

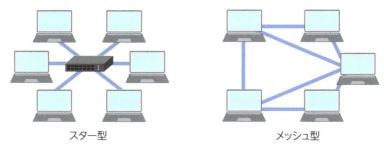

スター型　　　　　　　　　メッシュ型

　このように、各トポロジーにはそれぞれ独自の利点と制約があります。複数のトポロジーを組み合わせることもあります。ネットワークを構築する際に考慮すべき重要な要素であり、各トポロジーの特性を理解することで最適なネットワーク設計を行うことが可能になります。

まとめ

- ネットワークトポロジーは、コンピューターネットワークにおいてデバイス間の物理的／論理的な接続構造を指す
- 主要なトポロジーとして、バス型、リング型、スター型、メッシュ型がある
- それぞれのトポロジーには利点と制約があり、特性を理解した上でネットワークを設計する

Chapter 2　ネットワークの基礎知識

10 ネットワークの構成要素

実際にネットワークを構成するには、コンピューターの他にもさまざまな仕組みや役割をもった機器や通信ケーブルなどが必要になります。ここではネットワークが構成されている例とそこに登場する主なデバイスの役割を解説します。

● ネットワークの構成例

　ネットワークを構成する主要な要素には、機器同士を繋ぐための通信ケーブルをはじめ、スイッチ、ルーター、ファイアウォール、アクセスポイントそしてネットワークアダプターといったさまざまな機器や機能が含まれます。ネットワーク構成の例を図に示します。それぞれの要素については、以降で順に解説します。

■ネットワーク構成の例

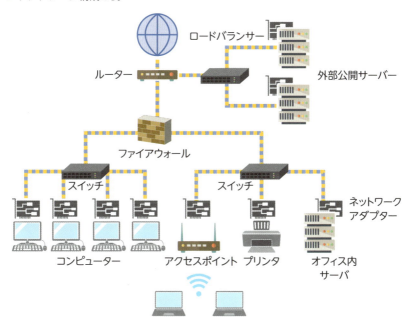

045

なお、例に登場するもの以外にも、利用用途やネットワークの規模に応じて必要な機器や機能を追加してネットワークを構成していく必要があります。

● ネットワークを構成する主な要素① ケーブル

ネットワークを物理的に構築する際には、さまざまなタイプのケーブルとコネクタを使って機器を接続します。これらはデータの伝送手段として機能し、ネットワークの品質と速度にも直接影響します。

ツイストペアケーブル

ツイストペアケーブルは、現在最も一般的に使用されているケーブルタイプです。UTP（Unshielded Twisted Pair）ケーブルとSTP（Shielded Twisted Pair）ケーブルがあります。LANケーブルと呼ばれることもあります。

UTPケーブルは、銅線を2本ずつよりあわせたペアを4組束ねたもので、RJ-45コネクタを使用します。カテゴリー5、カテゴリー6などの規格があり、おおむね高速イーサネット（10Mbps〜10Gbps）に対応しています。比較的低コストで取り回しが容易なため、家庭やオフィス内のLANで多く使われています。

STPケーブルは、電磁波などの外部ノイズに対する遮蔽処理（シールド処理）がなされているものです。ただし効果を発揮するには、接続される機器にアース処理が必要といった条件があります。

ツイストペアケーブルには、ストレートケーブルとクロスケーブルの2種類があります。ストレートケーブルは、両端のRJ-45コネクタが同じピン接続配置で、一般的にはコンピューターとスイッチ、またはルーターとスイッチを接続する際に使用されます。一方、クロスケーブルは、一端のRJ-45コネクタのピン接続配置を他端と交差させることで、直接的にコンピューター同士、またはスイッチ同士を接続する際などに利用されます。

■ ツイストペアケーブルとRJ-45コネクタ（写真提供：サンワサプライ株式会社）

光ファイバーケーブル

光ファイバーケーブルは、ガラスやプラスチックなどの材質でできたケーブルで、光信号を用いてデータを伝送します。光ファイバーは、長距離伝送、高速通信（10Gbps以上）、および電磁干渉に対する耐性に優れています。そのため、データセンターやインターネットバックボーン接続、長距離間の接続などで広く利用されています。

光ファイバーケーブルにはSMF（Single Mode Fiber：シングルモード光ファイバー）とMMF（Multi Mode Fiber：マルチモード光ファイバー）の大きく2種類があり、SMFは長距離伝送に、MMFは短距離での高速通信に適しています。また、コネクタにも、ネットワーク通信用途で主に目にするようなLC、SC、MPOなど、さまざまな種類があります。

光ファイバーケーブルは折り曲げると破損しやすい素材なので、断線しないよう取り扱う必要があります。また、2芯タイプを利用する際はTx（送信）、Rx（受信）における向きもあるので注意しましょう。

光ファイバートランシーバー

光ファイバーケーブルでは、適切なコネクタと**トランシーバー**の選択が重要です。トランシーバーは、電気信号と光信号を相互に変換する役割を担います。光ファイバーベースの接続では、SFP、SFP+、QSFP、QSFP28などのトランシーバーが使用されます。使用する機器がサポートするものの中から、速度、距離、およびファイバータイプ（シングルモードまたはマルチモード）に合わせて選択します。

■ 光ファイバーケーブル［LCコネクタ・SCコネクタ］とトランシーバー
（写真提供：サンワサプライ株式会社）

光メディアコンバーター

光メディアコンバーターとは、異なる種類のネットワークメディアを相互に接続するための装置です。主に光ファイバーとツイストペアケーブルの間で信号を変換する役割を果たします。これにより、異なるメディアのネットワークデバイス同士が通信できるようになります。

■ 光メディアコンバーター（写真提供：サンワサプライ株式会社）

ケーブルの選定

　ネットワーク構築の際には、伝送距離、速度、コスト、設置環境などを考慮して、適切なケーブルとコネクタを選択する必要があります。ケーブルの品質

と施工の良し悪しがネットワークのパフォーマンスと通信の信頼性に大きな影響を与えるため、注意が必要です。また、さまざまな色のケーブルが用意されているので、ケーブルの用途や種別などに応じて事前に取り決めを行うのがお勧めです。

◎ ネットワークを構成する主な要素② ルーター

ルーターはネットワーク間でデータを転送するデバイスで、異なるネットワーク同士を繋ぐ重要な役割を担います。インターネットと自宅LANの接続、企業内ネットワークから別のネットワークへの通信が可能になります。

ルーターは送信されるデータの宛先アドレスを読み取り、最適な経路を決定します（ルーティング）。また、多くのルーターはNAT/NAPT機能を提供します。詳細は「Section 18　ネットワーク通信の仕組みと技術」で解説します。

■ ルーターの動き

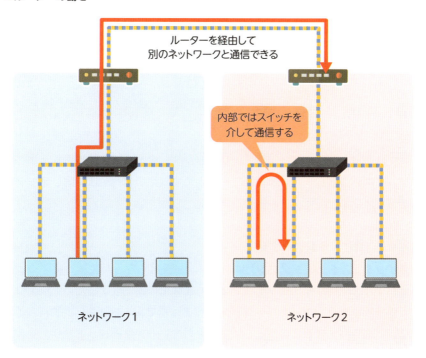

● ネットワークを構成する主な要素③ スイッチ・ハブ

ハブ、スイッチ（スイッチングハブ）、L3スイッチなどと呼ばれる機器があります。基本的な役割は、LAN内のデバイス間の通信を仲介することですが、それぞれ用途に大きな違いがあります。

■ ハブとスイッチの動き

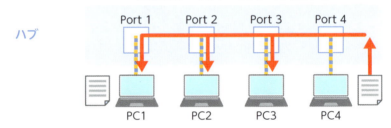

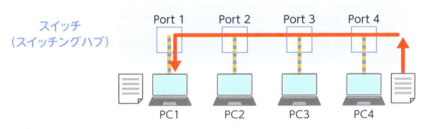

ハブ

　<u>ハブ</u>は非常にシンプルな装置で、受信したデータをハブに接続されたすべてのデバイスに送信します。ネットワーク上のすべてのデバイスに同じデータを送るため、効率が悪く、データの衝突が発生しやすいです。

スイッチ（スイッチングハブ）

　<u>スイッチ（スイッチングハブ）</u>は、ハブがより賢くなった装置と捉えると良いでしょう。受信したデータを特定のデバイスにのみ送信するためデータの送信が効率的になり、ネットワーク全体のパフォーマンスも改善します。スイッチは、どのデバイスがどのポートに接続されているかを記録しており、その情報に基づいて必要なデータのみを送信します。

L3スイッチ

L3スイッチはさらに高度な機能を持ち、スイッチとルーターの両方の役割を果たすイメージを持つと良いでしょう。デバイス間でデータを転送するだけでなく、異なるネットワーク間の転送（ルーティング）も行います。L3スイッチは、高速なデータ転送と内部ルーティングを可能にし、大規模なネットワークやデータセンターで広く利用されています。なお、L3（レイヤー3）はOSI参照モデルの第3層からきています（「Section 11　ネットワークプロトコルと標準化」を参照）。

■ データセンター向けスイッチ（写真提供：FS JAPAN株式会社）

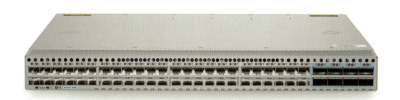

出典：https://www.fs.com/jp

リピーター・ブリッジ

　一部のスイッチには、リピーター機能やブリッジ機能が追加されている場合があります。リピーターは、信号を増幅して伝送距離を延ばすものです。ブリッジは、2つの異なるネットワークセグメントを接続し、それらの間でデータを転送できます。

● ネットワークを構成する主な要素④ アクセスポイント

　アクセスポイントは、無線LAN環境においてデバイスをネットワークに接続するための中心的な役割を果たします。IEEE 802.11という規格に基づいて動作し、多くは2.4GHz帯または5GHz帯の無線周波数を使用して無線デバイ

スとの通信を行います。無線クライアント（ノートパソコンなどのデバイス）は、アクセスポイントが発するビーコンフレームを検出し、接続要求を送信します。アクセスポイントはクライアントを認証し、ネットワークへのアクセスを許可します。接続が確立されると、アクセスポイントは無線クライアントと有線ネットワークの間でデータの中継を行います。

■ アクセスポイント AT-TQ7403（写真提供：アライドテレシス株式会社）

ネットワークを構成する主な要素⑤ ファイアウォール

ファイアウォールは、不正アクセスや攻撃から企業のネットワークを守るための重要なセキュリティメカニズムです。外部ネットワークと内部ネットワークの境界で不正な通信をフィルタリングすることで、セキュリティの第一線としての役割を果たします。詳細は第6章で解説します。

ネットワークを構成する主な要素⑥　ロードバランサー

ロードバランサーは、ネットワークトラフィックを効率的に分散し、サーバーの負荷を均等化するための重要な構成要素です。複数のサーバー間でリクエストを分散させることで、サービスのパフォーマンスと信頼性を向上させます。

また、複数の地理的に分散したサーバーの間でトラフィックを効率的に分散

するためのGSLB（Global Server Load Balancing：広域負荷分散）と呼ばれるものがあります。ユーザに最も近いサーバからコンテンツを提供することで、遅延を最小限に抑えるのに利用されることもあります。

ネットワークを構成する主な要素⑦　ネットワークアダプター

<u>ネットワークアダプター</u>は、さまざまなデバイスをネットワークに接続するために使用されるハードウェアです。USBポートに接続する外付型、PCIeスロットに装着する拡張カード、コンピューター内蔵型などがあります。

ネットワークアダプター

ネットワークアダプターまたはネットワークインターフェースカード（NIC）は、イーサネットカードとも呼ばれ、通常はツイストペアケーブルなどの有線ケーブルを使用してルーターやスイッチに接続されます。

ワイヤレスネットワークアダプター

ワイヤレスネットワークアダプターまたはWi-Fiアダプターは、無線ネットワーク接続用のネットワークアダプターです。アクセスポイントと同様にIEEE 802.11規格に準拠しており、電波を使用してアクセスポイントやルーターとの通信を行います。

まとめ

- ネットワークは、通信ケーブル、スイッチ、ルーター、ファイアウォール、アクセスポイントなどさまざまな機器によって構成される
- 通信ケーブルには、ツイストペアケーブルや光ファイバーケーブルが利用されることが多い
- ルーターは、異なるネットワーク同士を繋げる役割を担う

Chapter 2 ネットワークの基礎知識

11 ネットワークプロトコルと標準化

ネットワークプロトコルは、ネットワーク上でデバイスが正しく通信するための規則で、ネットワーク上で情報をやり取りする際に必要不可欠です。プロトコルはさまざまな団体によって標準化されています。

● ネットワークプロトコルとは

ネットワークプロトコルとは、コンピューターやデバイスが互いに通信するための共通の規則集のようなものです。データの送信形式、宛先の指定方法、エラー検出や修正の方法などがソフトウェアや物理的なレベルで定められています。開発元の異なるデバイス同士でも、ネットワークプロトコルに従えばスムーズなデータのやり取りが実現されます。規則を無視した状態で通信を行うと、データが解釈できず破棄や無視される可能性があります。

■ プロトコルの役割

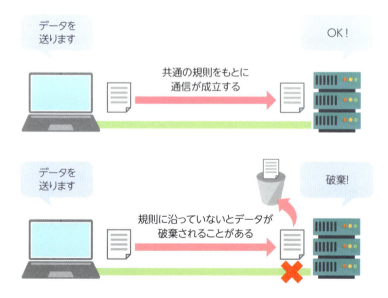

● ネットワークプロトコルの階層化

　ネットワークプロトコルの**階層化**は、ネットワークの各機能を階層別に分離することで、複雑な通信プロセスを理解しやすくし、効果的に管理する手法です。各層は独立して特定の処理や関心事に特化でき、他の階層の活動には関与せず機能の理解や改善をしやすくなります。一般的に、上層はユーザーインターフェースやアプリケーションに関連する機能を担当し、下層はデータ転送の基本的な仕組みを扱います。複数のプロトコルを階層化して組み合わせたものは**プロトコルスタック**と呼ばれます。

　ネットワークプロトコルの階層化は、手紙を宛先に郵送するプロセスにたとえられることがあります。手紙を配達する一連のプロセスでは、それぞれ受付方法や取り扱いについての規則が存在します。ネットワーク通信も同様で、データを宛先まで届けるまでのそれぞれのプロセスにルールが定められています。

■ 手紙をやり取りする流れ

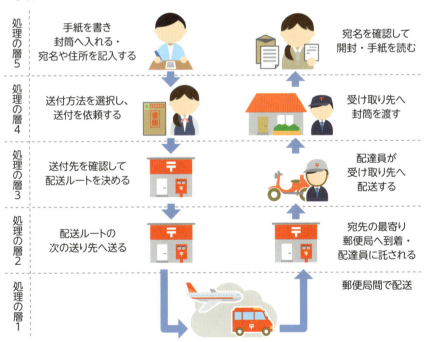

● TCP/IPとTCP/IP階層モデル

TCP/IPは、最も広く利用されているプロトコルスタックです。インターネットプロトコルスイートとも呼ばれ、インターネット上でデータを送受信するための通信規約の集まりを指します。

TCP/IPでは、一般に通信プロセスを4層に分けてモデル化されており、下位層から順にネットワークインターフェース層、インターネット層、トランスポート層、アプリケーション層と名付けられています。TCP/IPという名前は、2つの主要なプロトコルである、トランスポート層のTCP（Transmission Control Protocol）とインターネット層のIP（Internet Protocol）に由来します。

各層の役割については、続く「Section 12 各層の役割と関連するプロトコル」で解説します。なお、4層のモデルには物理層（ハードウェア層）は含まれておらず、物理層を含めて5層で表現される場合もあります。

■ TCP/IPの4階層モデル

階層名	役割	主なプロトコル
アプリケーション層	ユーザーとネットワーク間のインターフェースを提供する	HTTP、SMTP、DNS、FTPなど
トランスポート層	エンドツーエンドの通信を提供する	UDP、TCP、QUICなど
インターネット層	IPアドレッシングとデータのルーティングを行う	IP、ICMPなど
ネットワークインターフェース層	データの受け渡し、フレーム化とエラー検出を行う	イーサネット、ARPなど

● OSI参照モデル

TCP/IP階層モデルと並んで広く知られているネットワーク階層化モデルとして、**OSI参照モデル**があります。表に挙げた7つの階層があります。

ITインフラ分野では、「L3スイッチ」「L7スイッチ」のようにOSI参照モデルの層を表す「L（Layerの頭文字）」を用いた用語も一般的に使用されます。

056

■ OSI 参照モデル

階層名	役割
アプリケーション層	ユーザーとネットワーク間のインターフェースを提供する
プレゼンテーション層	データ表現形式を変換する
セッション層	通信セッションを管理する
トランスポート層	エンドツーエンドの通信を提供する
ネットワーク層	IP アドレッシングとデータのルーティングを行う
データリンク層	データの受け渡し、フレーム化とエラー検出を行う
物理層	物理的な接続と電気信号を扱う

○ OSI 参照モデルと TCP/IP 階層モデル

　TCP/IP モデルの各層は、OSI 参照モデルの1つまたは複数の層に対応しています。OSI 参照モデルは、ネットワーク通信をより詳細に理解するための理論的な枠組みを提供する一方で、TCP/IP モデルはこれらの概念を実際の通信技術に適用したものと言えるでしょう。

■ TCP/IP 階層モデルと OSI 参照モデルの関係

OSI 参照モデル	TCP/IP モデル	主な目的
アプリケーション層		ユーザーがネットワークサービスにアクセスできるようにする
プレゼンテーション層	アプリケーション層	
セッション層		
トランスポート層	トランスポート層	エンドツーエンドのデータ転送を信頼性のあるものにする
ネットワーク層	インターネット層	データを確実に転送するために、IP アドレッシングとルーティングを行う
データリンク層	ネットワークインターフェース層	隣接するデバイス間でのデータ送受信を管理する
物理層	－（※5層の場合は含まれる）	データを物理的な信号に変換し、伝送する

057

● プロトコルの標準化

標準化とは、異なるメーカーの製品間での互換性や通信の効率化を図るため、さまざまな団体によって規則や規格を定めることです。標準化により技術の相互運用性が保証され、ユーザーの選択肢が広がり、技術の普及が促進されます。

TCP/IPネットワークやOSI参照モデルにおいても、表に挙げたさまざまな業界団体や国際機関などによって標準化が行われています。これらの団体では、専門家や関係者が議論を重ね、新たな技術の標準化を進めています。

たとえばIETFはインターネット技術の標準策定を主導し、TCP/IPプロトコルスイートの標準化を担っています。ISOは、OSI参照モデルの標準化に中心的な役割を果たしました。IEEEは主に物理層など、TCP/IPやOSIモデルの下位層の標準化に貢献してきました。

● RFC

IETFで標準化された具体的なプロトコル仕様や実装や運用方法に関する情報は、**RFC**（Request For Comments）として文書化されて文書管理番号が割り当てられます。たとえばUDPであればRFC 768、HTTP/2はRFC 9113（ともに執筆時点）などとして、誰でも参照できるように一般公開されています。ネットワークデバイスやアプリケーションの仕様書には、どのRFCなどに準拠している必要があるかといった対象RFCが記述されている場合があります。

RFCは、仕様の更新などがあった場合には新たに番号が振られることになります。そのため、参照したRFC文書の「状態」も併せて確認する必要があります。HTTP/2を例にすると、執筆時点では最新のRFC 9113が発行承認されており、元のRFC 7540と関連するRFC 8740は廃止されています（RFC 9113の文書にも記載されています）。

■ ネットワーク記述の標準化を行う代表的な組織

組織名	概要
ISO (International Organization for Standardization)	国際的な標準を策定する非政府組織。多くの分野で国際標準を策定する
IEEE (Institute of Electrical and Electronics Engineers)	電気工学とコンピューター科学の分野で標準を策定する非営利専門家団体。とくにIEEE 802シリーズ（イーサネット、Wi-Fiなど）で知られている
IETF (Internet Engineering Task Force)	インターネット技術の標準を発展させることを目的とした団体。TCP/IPプロトコルスタックを含む多くのインターネット関連の標準を策定する
ITU (International Telecommunication Union)	通信技術の国際標準を提供する国連の専門機関
ICANN (Internet Corporation for Assigned Names and Numbers)	インターネットのドメイン名やIPアドレス割り当てなどを管理する非営利団体
3GPP (3rd Generation Partnership Project)	モバイル通信技術の標準を策定する国際的な協力プロジェクト
ETSI (European Telecommunications Standards Institute)	ヨーロッパの通信標準を策定する団体で、モバイル通信を含む多様な通信技術の標準化を行う

まとめ

- ▶ ネットワークプロトコルは、デバイス同士が互いに通信するための共通の取り決めである
- ▶ 複数のプロトコルを階層化して組み合わせたものをプロトコルスタックと呼ぶ
- ▶ プロトコルはさまざまな団体によって標準化されている

Chapter 2 ネットワークの基礎知識

12 各層の役割と関連する プロトコル

ネットワーク通信は、複数の層で構成された階層モデルに従い、データが効果的に
送受信されるように制御されています。各層はそれぞれ独自の役割を担い、プロト
コルがそれを支えています。

● 各層の役割と関連するプロトコル

　本章ではインターネットの通信に焦点を当てるため、TCP/IPモデルをベー
スに解説します。また、説明の都合でここでは5層のモデル（物理層、データ
リンク層、ネットワーク層、トランスポート層、アプリケーション層）で解説
します。最近では、このTCP/IPモデルをベースにした5階層のモデルが利用
される場面が多くあります。

■ TCP/IPベースの5階層モデル

階層	該当する主なプロトコルや技術
アプリケーション層	HTTP、SMTP、DNS、FTPなど
トランスポート層	UDP、TCP、QUICなど
インターネット層	IP、ICMPなど
データリンク層 （ネットワークインターフェース層）	イーサネット、ARPなど
物理層	ツイストペアケーブル、光ファイバーなど

物理層

　最下層の**物理層**はデータの物理的な転送を扱います。データをデジタル信号
に変換し、ケーブル、光ファイバー、無線などの通信媒体を通じて送信する役
割を担います。デジタル信号への変換とは、0と1のビット列を電気信号や光
信号に変換するプロセスを指します。たとえば、電気信号では電圧の高低を用
いて0と1を表現し、光ファイバーでは光の点滅を使ってデータを伝えます。

060

無線通信の場合、データは電磁波を使用して送信されます。Wi-Fiルーター
が電磁波を放射し、これを受信機が受け取ることでデータ通信が行われる仕組
みです。

データリンク層

　データリンク層は、物理層を通じてデータを送受信する方法を具体的に定め
る層です。物理層で電気信号や光信号として送られた0と1のビット列を、デー
タリンク層ではフレームと呼ばれるデータの単位に変換して処理します。デー
タの送受信時に誤りを検出し、必要に応じて訂正する役割も担います。データ
リンク層は、送信されたデータが正しく届くようにエラーチェックやフロー制
御を行います。これは、物理層で受け取った信号を解釈し、正確なデータとし
て再構築するプロセスです。イーサネットなどが該当します。

ネットワーク層

　ネットワーク層は、異なるネットワーク間でのデータの送信経路を決定する
役割を持ちます。プロトコルとしてはIPが最もよく知られており、データパ
ケット[注2.1]が送信元から目的地まで最適な経路を辿れるようにします。

トランスポート層

　トランスポート層は、データが正しく、効率的に伝送されることを保証する
層です。TCPとUDPはこの層での主要なプロトコルで、TCPはデータが正確
に届けられることを、UDPはより効率良く伝送することを可能にします。

アプリケーション層

　最上層の**アプリケーション層**は、ユーザーアプリケーションがネットワーク
サービスを利用できるようにする層です。HTTP（Webサイトの閲覧）、SMTP
（メールの送信）、FTP（ファイルの転送）など、具体的なアプリケーションの
動作に関連するプロトコルがこの層に属します。この層があるおかげで、私た
ちはブラウザーを使ってWebサイトを見たり、メールクライアントアプリケー

注2.1　パケットとは、ネットワーク上でデータを送受信する際に分割された小さなデータの単位です。

061

ションを通じてメールを送受信したりできます。

　これらの層は連携して機能し、多くのデジタルコミュニケーションを支えています。それぞれの層が特定の役割を担うことで、インターネット上で情報がスムーズに、確実に移動する環境が整っています。

⬤ カプセル化と非カプセル化

　カプセル化と**非カプセル化**は、データがネットワークを通じて送受信される際の重要なプロセスです。これらの概念を理解することは、データの整合性と効率的な通信の保証に不可欠です。これまではネットワークプロトコル階層化の必要性に焦点を当ててきましたが、ここではその階層がどのように実際のデータ転送に応用されるかを見ていきます。

　データの流れは、送信時は上位の層から下位の層へ流れ、受信時の流れはその逆になります。送信時を例にすると、各階層で必要な制御情報や送信先などが、ヘッダーという形でデータの先頭に付加されます（データリンク層ではデータの最後にトレーラーも付加）。この流れをカプセル化と言います。一方、受信時には送信時の流れとは逆順で、各層にてヘッダーを外してデータが渡されていきます。この流れを非カプセル化と言います。

　このプロセスを簡単に説明するために、以前に使用した手紙の郵送の例を拡張してイメージしてみましょう。

　手紙を送る時、あなたは内容を書き、封筒に入れ、宛先と差出人の住所を記載します。この手紙の内容が元のデータ、封筒がデータパケット、宛先や差出人の住所がヘッダー情報に相当します。このヘッダー情報によって、データパケットはネットワークを通じて正確に目的地に届けられます。

　非カプセル化はデータパケットが目的地に到着した際に行われます。受信側では、パケットからヘッダー情報を削除し、元のデータを取り出します。手紙の例で言えば、封筒を開封し、中の手紙を読む行為に相当します。

■ データのカプセル化と非カプセル化

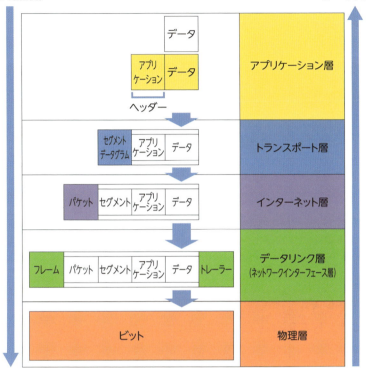

まとめ

- 階層化された各層が連携することで、データを宛先まで正しく効率良く届けられる
- データ送信時に、各階層で必要なヘッダー情報を付与することをカプセル化と言う
- データ受信時に、ヘッダー情報を取り除いてデータを取り出すことを非カプセル化と言う

| Chapter 2 | ネットワークの基礎知識 |

13 イーサネット

イーサネットは、LANを構築するための基本的な技術であり、世界中のオフィスや家庭で広く使用されています。ここでは、イーサネットの仕組みやそれに関連するプロトコルについて解説します。

● イーサネットの基礎知識

イーサネット（Ethernet）は、LANで広く使用されているコンピューターネットワーク技術です。主な目的は、複数のデバイスが同じ通信媒体（たとえばツイストペアケーブルや光ファイバーケーブル）を共有してデータを効率的にやり取りすることです。フレームベースのデータ伝送手段が採用され、通信速度の規格やコネクタ周りまでが標準化されています。

MACアドレス

MACアドレス（Media Access Control Address）は、ネットワーク上の各デバイスに割り当てられた一意の識別子です。このアドレスは12桁の16進数で構成され、各デバイスが他のデバイスと通信する際に使われます。たとえば、あなたのコンピューターがルーターに接続する時、ルーターはMACアドレスを見て、どのデバイスからのアクセスかを識別します。

■ MACアドレス

MACアドレス

12文字（48ビット）

00-00-5E-00-53-00

6文字（24ビット）　　　　　　　6文字（24ビット）

機器メーカーに割り当てられている　　　製品ごとに割り当てられている固有番号
固有番号（OUI）

ARP

ARP(Address Resolution Protocol)は、TCP/IP通信で利用されるIPアドレス(「Section 14　IPアドレスとサブネットマスク」を参照)を、対応する物理的なネットワークアドレス(通常はMACアドレス)に変換するプロトコルです。送信側のデバイスが受信側デバイスのIPアドレスを知っていたとしても、それを物理層で利用可能なMACアドレスに変換する必要があります。

送信側デバイスはARPリクエストをネットワーク全体に送信します。リクエストには送信元のIPアドレスとMACアドレス、MACアドレスを知りたいIPアドレスが含まれます。リクエストを受け取った時、もし要求されたIPアドレスと自分自身が一致した場合には、MACアドレスを送信元宛てに返答します。

MACアドレスの情報はネットワーク機器が情報テーブルとして持っている場合もあり、全体へ問い合わせをせずに解決することも可能になります。

■ ARPの基本的な仕組み

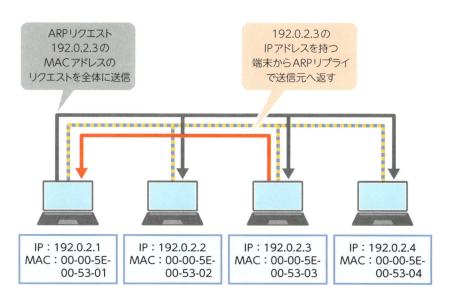

■ L2スイッチがMACアドレステーブルを持っている場合

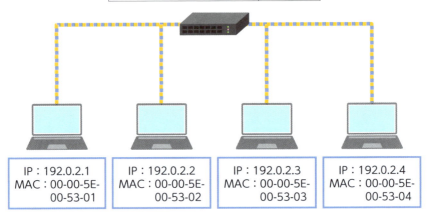

イーサネットフレーム

イーサネットフレームは、ネットワーク上のデータリンク層でデータを効率的に送受信するための基本的な単位です。データリンク層でカプセル化を行う際には、送信元と宛先の情報、データ本体、そしてデータの整合性を確認するための情報を付加します。

フレームの開始を知らせるプレアンブルとSFD（Start Frame Delimiter）は物理層で使用され、データリンク層のフレーム本体には含まれませんが、フレームの正しい同期を助けます。フレーム本体には、宛先と送信元のMACアドレスが含まれ、これによりデバイス間の通信が確立されます。

タイプ／長さフィールドは、フレーム内のデータがどのプロトコルに属するか、またはデータの長さを示します。データフィールドには実際の情報が含まれ、上位層のプロトコルデータやLLC（Logical Link Control）、SNAP（Subnetwork Access Protocol）のヘッダー情報が含まれることもあります。最後に、FCS（Frame Check Sequence）が付加され、データの整合性を確認するためのエラー

チェックが行われます。

　これらの要素によって、イーサネットは信頼性の高いデータ通信を実現しています。データが正確に送受信されるように設計されており、エラーが発生した場合も再送信を行うことでデータの完全性を保ちます。

■ イーサネットフレーム

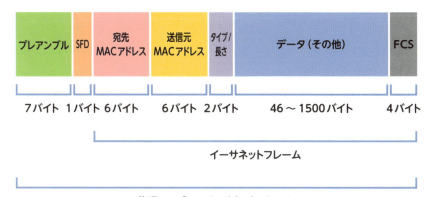

IEEE 802.X規格

　昨今の有線LANネットワーク接続には、**IEEE 802.3**（イーサネット）が利用されていることがほとんどです。IEEE 802.3を使用することで、複数のデバイスが同じ物理的メディア（ツイストペアケーブルや光ファイバーなど）を共有し、10Mbpsから800Gbps以上といった高速で安定したデータ転送を実現できます。

　これらの規格は、「10BASE-T」「800GBASE-SR8」など、[通信速度] BASE- [伝送種別] という形式で呼ばれることもあります。なお、伝送種別の部分はメーカー独自の仕様の場合などもあります。

■ IEEE 802.3関連の主な規格

規格	一般的な名称	俗称	速度	主なケーブル
IEEE 802.3	10BASE-5	Ethernet	10Mbps	同軸ケーブル
IEEE 802.3u	100BASE-TX	Fast Ethernet	100Mbps	ツイストペアケーブル、光ファイバーケーブル
IEEE 802.3z	1000BASE-SX、1000BASE-LX	Gigabit Ethernet	1Gbps	ツイストペアケーブル、光ファイバーケーブル
IEEE 802.3ae	10GBASE-SR、10GBASE-LR、10GBASE-ER	10Gigabit Ethernet	10Gbps	光ファイバーケーブル
IEEE 802.3bm	40GBASE-SR4、100GBASE-LR4	40/100Gigabit Ethernet	40/100Gbps	光ファイバーケーブル
IEEE 802.3cm	400GBASE-SR8	400Gigabit Ethernet	100/200/400Gbps	光ファイバーケーブル
IEEE 802.3df	800GBASE-SR8、800GBASE-DR8	800Gigabit Ethernet	800Gbps	光ファイバーケーブル

■ IEEE 802.11関連の主な規格

規格	周波数	最大速度
IEEE 802.11a	5GHz	54Mbps
IEEE 802.11b	2.4GHz	11Mbps
IEEE 802.11g	2.4GHz	54Mbps
IEEE 802.11n (Wi-Fi 4)	2.4GHz、5GHz	600Mbps
IEEE 802.11ac (Wi-Fi 5)	5GHz	6.93Gbps
IEEE 802.11ax (Wi-Fi 6)	2.4GHz、5GHz、6GHz	9.6Gbps
IEEE 802.11be (Wi-Fi 7)	2.4GHz、5GHz、6GHz	48Gbps

無線LANでは、**IEEE 802.11**が国際標準として広く認識されています。この規格は、無線通信を用いてコンピューターやスマートデバイスがネットワークに接続する方法を定義します。周波数の範囲、信号の型、セキュリティプロトコルなど、無線接続のための詳細な技術要件が含まれます。この標準には多くのバリエーションがあり、それぞれ異なる速度と範囲の特性を持っています。

CSMA/CD

CSMA/CD（Carrier Sense Multiple Access with Collision Detection）は、初期のイーサネットで使用されたアクセス制御方式で、とくにバス型トポロジーにおける通信の衝突を検出し、効率的にデータを送信するための技術です。

初期のイーサネットでは、複数のデバイスが1本の通信ケーブル（バス）を共有していました。このバス型トポロジーでは、デバイスが同時にデータを送信しようとすると、衝突（コリジョン）が発生する可能性がありました。CSMA/CDは、衝突が発生した場合、送信をいったん停止し、ランダムな時間を待ち再送信することで、衝突を回避します。この仕組みにより、複数のデバイスが同じネットワークで効率的に通信を行うことが可能になりました。

しかし、現代のイーサネットでは、スイッチングハブを使用することで全二重通信が可能となりました。これにより、従来のバス型トポロジーで発生していたデータ衝突が物理的に発生しなくなり、CSMA/CDのような衝突検出技術の役割はほぼ不要となっています。

まとめ

- イーサネットは、複数のデバイスが同じ通信媒体を共有してデータを効率的にやり取りするために利用される
- MACアドレスは、ネットワーク上の各デバイスに割り当てられた一意の識別子である
- IEEE 802.3はイーサネットに関する規格、IEEE 802.11は無線LANに関する規格である

Chapter 2　ネットワークの基礎知識

14 IPアドレスと サブネットマスク

IPアドレスは、インターネット上でデバイスが互いに識別し合い、データをやり取りするための重要な数値識別子です。この章では、IPアドレスの基本的な構造と、異なるタイプのIPアドレスがどのように使われているかを解説します。

● IPアドレスの構造（IPv4とIPv6）

IPアドレスは、ネットワークに接続する各デバイスに割り当てられるユニークな番号で、インターネット上でデバイスの位置を示します。IPアドレスは、インターネット上のあらゆるデバイスを特定し、正確にデータを送り届けるために必要です。IPアドレスには**IPv4**と**IPv6**の2種類があります。IPv4アドレスは32ビットの数値で、約43億個のアドレスを提供します。しかし、インターネットの急速な成長により将来的なIPv4アドレス数の枯渇が問題とされたことでIPv6が誕生しました。IPv6は128ビットのアドレス空間を提供し、事実上無限に近いアドレス数の提供を実現します。

■ IPv4アドレスの構造

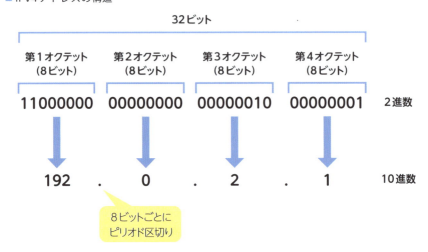

■ IPv6アドレスの構造

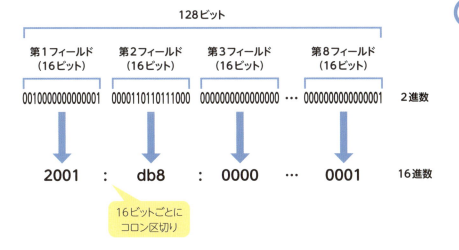

○ プライベートIPアドレスとグローバルIPアドレス

プライベートIPアドレスは、個々の管理範囲内（たとえばオフィスや家庭内ネットワーク）で割り当てて利用できるIPアドレスです。プライベートIPアドレスはインターネット上で一意である必要はなく、異なるネットワーク間で重複して使用できます。IPv4では下記の特定範囲がプライベートアドレスとして予約されています。IPv6でも、特殊なプレフィックス（fc00::/7）がIPv6でのプライベートアドレス相当として定義されています。

10.0.0.0〜10.255.255.255（10.0.0.0/8）
172.16.0.0〜172.31.255.255（172.16.0.0/12）
192.168.0.0〜192.168.255.255（192.168.0.0/16）

グローバルIPアドレス（パブリックIPアドレスとも言います）は、インターネット上でデバイスを一意に識別するために使われる、基本的にユニークに扱われるIPアドレスです。グローバルIPアドレスを持つデバイスは、インター

ネット上の他のデバイスから直接アクセス可能です。IPv4とIPv6の両方で、プライベートアドレスや特殊用途で予約されたアドレス以外は、原則グローバルアドレスとして扱われます。

■ 特殊用途で予約されたIPアドレスの例

種別	アドレス範囲	用途
IPv4	127.0.0.0/8	ループバックアドレス
IPv4	169.254.0.0/16	リンクローカルアドレス
IPv4	224.0.0.0/4	マルチキャストアドレス
IPv4	192.0.2.0/24、198.51.100.0/24、203.0.113.0/24	例示用IPアドレス（ドキュメント記述の際に利用するなど）
IPv6	::1	ループバックアドレス
IPv6	fe80::/10	リンクローカルアドレス
IPv6	2001:db8::/32 3fff::/20	例示用IPアドレス（ドキュメント記述の際に利用するなど）

なお、エンドユーザーとしてグローバルIPアドレスを取得するには、ISPなどのIPアドレス管理指定事業者から割り当てを受けることが一般的です。他には、自組織でネットワークを運用することを前提に一定の条件を満たした後、JPNICなどから直接割り当てを受けることも可能です。

● サブネットマスクとCIDR表記

サブネットマスクとCIDR（Classless Inter-Domain Routing）表記は、IPアドレスを効率的に管理・使用するための仕組みです。

サブネットマスクは、IPアドレスをネットワーク部とホスト部に分けるために使用されます。たとえば、192.0.2.1というIPアドレスがあり、サブネットマスクが255.255.255.0の場合、192.0.2がネットワーク部、1がホスト部となります。これは、住所でたとえると、「東京都新宿区〇〇町」がネットワーク部で、「1番地」がホスト部にあたります。サブネットマスクによって、同じネットワークに属するIPアドレスの範囲が決まるのです。

072

一方、**CIDR表記**はサブネットマスクをより簡潔に表す方法です。たとえば、255.255.255.0というサブネットマスクは「/24」と表現できます。これは、サブネットマスクの先頭から24ビットが1で、残りの8ビットが0であることを示しています。ネットワーク部のビット数をプレフィックス長と言います。また、192.0.2.0/24は、192.0.2.0〜192.0.2.255の範囲のIPアドレスを表します。

■ IPv4のサブネットマスク表記とCIDR表記

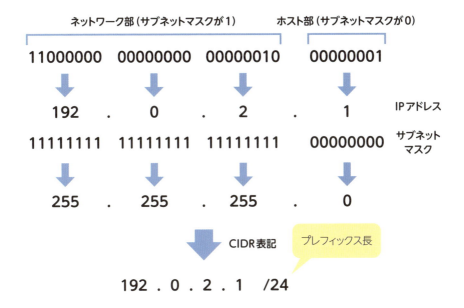

まとめ

- IPアドレスは、ネットワークに接続するデバイスに割り当てられる番号である
- IPアドレスにはIPv4とIPv6の2種類がある
- サブネットマスクにより、IPアドレスのネットワーク部とホスト部を表せる

Chapter 2 ネットワークの基礎知識

15 ポート番号

インターネットを利用する際、私たちが気付かないところでポート番号が重要な役割を果たしています。ここでは、インターネットの通信でポート番号がどのように機能しているかを解説します。

● ポート番号の目的と機能

ポート番号は、ネットワーク上でデータを送受信する際に特定のプログラムやサービスを識別するために使用される数字です。IPアドレスが示すサーバーの、どのプログラムと通信すれば良いのかをポート番号を使って表します。建物の住所がIPアドレスだとすると、ポート番号は部屋番号のようなものです。

■ ポート番号の役割（Webサーバーへの接続）

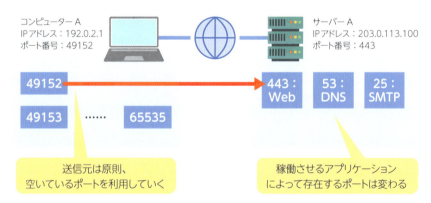

● よく使われるポート番号とその用途

ポート番号は主にトランスポート層で使用され、TCPやUDP（「Section 17 TCPとUDPの基本」を参照）といったプロトコルで用いられます。ポート番号にはシステムポート（0〜1023）、ユーザーポート（1024〜49151）、動的／プ

ライベートポート（49152～65535）という3つの範囲があります。主なポート番号の用途を表にまとめます。この番号はIANA（Internet Assigned Numbers Authority）によって原則管理されています。

　たとえばWebブラウザーは、動的／プライベートポートの範囲内からランダムに選んだポート（49152など）を使用してWebサーバーのシステムポートである443に接続します。このようにクライアントからサーバーへの接続では、クライアントが動的ポートを、サーバーがシステムポートを使用します。

■ 主なポート番号の用途

ポート番号	トランスポート （割り当てされ一般的なもの）	サービス
0	UDP/TCP	Reserved（予約）
22	TCP	SSH
25	TCP	SMTP
53	UDP/TCP	DNS
80	UDP/TCP	HTTP
123	UDP/(TCP)	NTP
143	TCP	IMAP
443	UDP/TCP	HTTPS
3306	TCP	MySQL
3389	UDP/TCP	Windows RDP

まとめ

▶ ポート番号は、データを送受信する際に特定のプログラムやサービスを識別するための番号である

▶ よく使われるポート番号とその用途はIANAによって原則管理されている

Chapter 2 ネットワークの基礎知識

16 主要なアプリケーションプロトコル

インターネットでは、さまざまなアプリケーションプロトコルが私たちのサービス利用やデータ通信を支えています。これら主要なアプリケーションプロトコルの例と役割について解説します。

● HTTP/HTTPS

HTTP（HyperText Transfer Protocol）と**HTTPS**（HTTP Secure）は、インターネット上でWebページやその他のデータを安全に送受信するためのアプリケーションプロトコルです。HTTPとHTTPSについては第5章で詳しく解説します。

● SMTP

SMTP（Simple Mail Transfer Protocol）は、電子メールの送信・メールサーバー間での転送に使用されるアプリケーションプロトコルです。SMTPは基本的にメールの送信のみを行い、受信はPOP（Post Office Protocol）やIMAP（Internet Message Access Protocol）といった他のプロトコルが担います。

● SSH

SSH（Secure Shell）は、インターネット上で安全にコンピューターを遠隔操作するためのプロトコルです。SSHを使用することで、ユーザーはネットワークを介して他のコンピューターにログインし、データの転送、プログラムの実行、その他のネットワークサービスを安全に利用できます。

● NTP

NTP（Network Time Protocol）は、コンピューターやその他のデバイスがイ

ンターネットを介して正確な時刻を同期するために使用されるプロトコルです。コンピューターやスマートフォンなどのデバイスは、NTPを使って特定の参照時計から時刻情報を受け取り、その情報をもとに内部時計を調整します。

■ NTPによる時刻合わせ

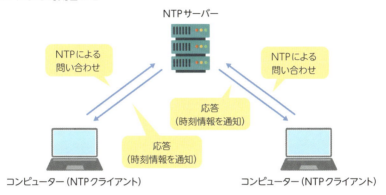

FTP

FTP（File Transfer Protocol）は、インターネット上でファイルを送受信するために設計されたアプリケーションプロトコルです。FTPにより、異なるコンピューター間で大きなファイルやディレクトリを簡単に転送できます。

DNS

DNS（Domain Name System）は、Webサイトの名前（www.example.com）をコンピューターが理解できるIPアドレス（192.0.2.1など）に変換するシステムです。詳しくはSection 18で解説します。

DHCP

DHCP（Dynamic Host Configuration Protocol）は、ネットワーク内のデバイスに自動的にIPアドレスなどの情報を提供し割り当てるためのプロトコルです。詳しくはSection 18で解説します。

■ 主なアプリケーションプロトコルの例

アプリケーションプロトコル	トランスポート	ポート番号（よく使われる例）	概要
HTTP	TCP	80	Webページの表示や情報の送受信など
HTTP/3	QUIC/(UDP)	443	HTTPの3世代目のプロトコル。UDPベースのQUICをトランスポートに利用
DNS	UDP/TCP	53	インターネット上のドメイン名とIPアドレスを対応付けるシステム
SMTP	TCP	25 465 587	電子メールを送信するためのプロトコル。メールサーバー間の転送、メールクライアントからメールサーバーへの送信にも用いられる
NTP	UDP/(TCP)	123	コンピューターの時刻同期を行うプロトコル。NTPサーバーは階層的な構造を持つ
MQTT	TCP/(UDP)	1883, 8883	Message Queuing Telemetry Transportの略。軽量かつ帯域幅が限られた環境での使用に適した、Publish/Subscriberモデルに基づくメッセージングプロトコル。IoTデバイス間の通信などで利用される。UDPを使用するMQTT-SNなどがある
BGP	TCP	179	Border Gateway Protocolの略。インターネット上で異なるネットワーク（自律システム）間のルーティング情報を交換するためのプロトコル。さまざまな自律システム間で、データパケットが最適な経路で目的地に到達できるようになる

まとめ

- アプリケーションプロトコルにはさまざまな種類がある
- それぞれのプロトコルは、よく使われるポート番号が決まっている

Chapter 2　ネットワークの基礎知識

17 TCPとUDPの基本

TCP/IPモデルにおけるトランスポート層では、TCPまたはUDPでの通信が行われます。ここでは、TCPとUDPそれぞれの特徴やその役割について解説します。

● TCPとUDPの特徴

ここまで、代表的なアプリケーションプロトコルとポート番号について紹介しました。これらのアプリケーションプロトコルは、**TCP**（Transmission Control Protocol）と**UDP**（User Datagram Protocol）のどちらか、または両方に対応して通信がなされています。TCPとUDPは、いずれもTCP/IPモデルのトランスポート層に該当するプロトコルです。

TCPは信頼性の高い通信を提供し、データの順序付け、エラーチェック、再送処理を行います。たとえばWebページの閲覧やファイルのダウンロードなど、正確なデータ転送が要求される処理に利用されます。

一方、UDPは接続を確立せず、最小限のエラーチェックのみを行うため、通信の信頼性に欠けるものの遅延を軽減します。リアルタイムのビデオストリーミングやオンラインゲームなど、遅延を少なくしたい処理に主に利用されます。

このような特性から、TCPはコネクション型、UDPはコネクションレス型としてそれぞれ分類されます。

● 3-wayハンドシェイク

TCPは信頼性の高い通信を実現するために、**3-wayハンドシェイク**と呼ばれる接続確立の手順を用います。これは、データ転送を開始する前に、送信者と受信者が互いの準備状況を確認するための3段階のプロセスです。

079

■ 3-wayハンドシェイク

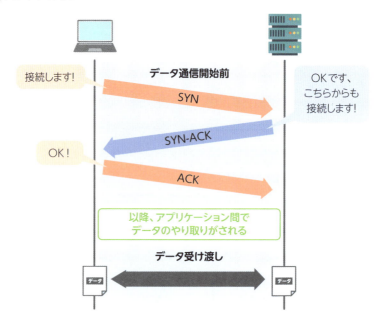

　まず、送信者が受信者にSYN（同期）メッセージを送信します。受信者はSYNメッセージを受け取ると、SYN-ACK（同期応答）メッセージで応答します。最後に、SYN-ACKメッセージを受け取った送信者はACK（確認）メッセージを送信します。この3段階のやり取り（SYN, SYN-ACK, ACK）が完了すると、送信者と受信者の間に信頼性の高いTCP接続が確立されます。このプロセスにより、両者はデータ転送の準備が整ったことを相互に確認できます。

> **まとめ**
> - TCPとUDPは、いずれもトランスポート層のプロトコルである
> - TCPには高信頼性、UDPには低遅延という特徴がある
> - TCPでは、3-wayハンドシェイクという手順を使って接続を確立する

Chapter 2 ネットワークの基礎知識

18 ネットワーク通信の仕組みと技術

手元のコンピューターからWebサイトにアクセスする際、ルーティングをはじめとするさまざまなネットワーク技術が使われます。ここでは、代表的なネットワーク通信の仕組みと技術について解説します。

● ルーティングとは

ルーティングとデフォルトルート

ルーティングとは、ネットワーク上でデータを目的地に届けるために最適な経路を選択する技術です。

データの送信先を決定するための情報は**ルーティングテーブル**に記載されています。**デフォルトルート**とは、特定の経路が見つからない場合に使用される経路です。**ロンゲストマッチ**とは、最も具体的な経路情報を持つ経路を選ぶ方法です。ルーターは、複数の経路情報がある場合、ロンゲストマッチをもとに最適な経路を選択します。

動的ルーティングと静的ルーティング

ルーティングは、動的ルーティングと静的ルーティングに分類されます。

動的ルーティングは、ルーターが自動的に最適な経路を学習し、変更する方法です。インターネット上でトラフィックの状況が変わると、ルーターは自動的に新しい最適経路を選びます。自動化されているため管理が簡単で、大規模な企業ネットワーク、ISPなどに向いています。

一方の**静的ルーティング**は、管理者が手動で経路を設定する方法です。小規模なネットワークや特定の通信に対して使用されます。手動設定が多い場合は管理が難しくなります。

081

■ ルーティング

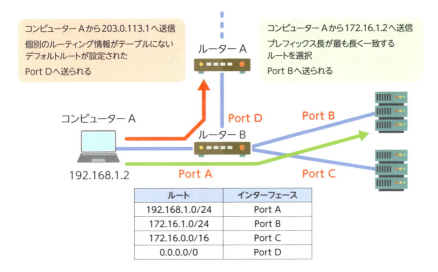

ゲートウェイ

　ゲートウェイとは、異なるネットワーク同士を繋ぎ、データのやり取りを可能にする装置やソフトウェアを指します。ゲートウェイは通信の橋渡し役を担い、異なるプロトコルやネットワーク形式の間でデータを正しく変換し、目的地に届ける役割を果たします。

　パソコンでWebサイトにアクセスすると、そのデータ（リクエスト）はまず自宅内のネットワークを経由し、外部のインターネットに送られます。この時、データが最初に通過する中継点をデフォルトゲートウェイと言います。デフォルトゲートウェイは、通常はルーターの役割を果たし、自宅のネットワークとインターネットを繋ぐ重要なポイントです。

◯ 主要な通信方式

ユニキャスト（Unicast）

　ユニキャストは、ネットワーク通信の最も一般的な形式で、1つの送信者から1つの受信者へデータを直接送信します。Webサイトを閲覧する時、コンピューター（送信者）は特定のWebサーバー（受信者）にデータをリクエストし、

サーバーはそのリクエストに応じてデータをコンピューターに送り返します。このプロセスはユニキャストで行われます。

マルチキャスト（Multicast）

マルチキャストは、1つの送信者から複数の受信者へデータを同時に送信する方法です。たとえば、ライブストリーミングビデオやオンラインゲームでのデータ配信に用いられることがあります。送信者はマルチキャストに対応したルーターを使い、一度に多くの受信者に効率良くデータを送信できます。

■ ユニキャスト・マルチキャスト

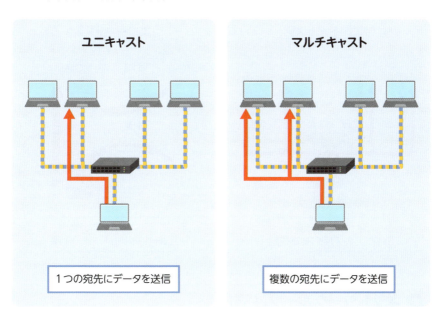

ブロードキャスト（Broadcast）

ブロードキャストは、1つの送信者がネットワーク上のすべてのデバイスにデータを一斉に送信する方法です。これは、ラジオやテレビ放送が地域全体に同時に情報を送ることに似ています。たとえばLAN内でのデバイス検出や設定情報の共有などにブロードキャストが使用されます。すべてのデバイスが同時に情報を受信できるため、特定のタイプの通信では非常に効果的です。

エニーキャスト（Anycast）

エニーキャストは、最も近いまたは最適な受信者にデータを送信する技術です。これは、データが複数の送信者候補のいずれかから、1つの受信者に届けられることを意味します。この仕組みは、主にインターネットの効率化と信頼性向上を目的としています。具体的な利用例として、DNSサーバーやコンテンツデリバリーネットワーク（CDN）などが挙げられます。エニーキャストでは一部の受信者が故障した場合でもデータを他の受信者に転送し続けられるため、耐障害性の向上にも寄与します。

■ ブロードキャスト・エニーキャスト

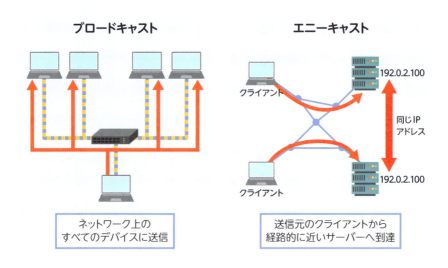

● ネットワークループとSTP

ネットワークループは、複数のスイッチなどが互いに接続される際に発生する可能性のある問題で、データパケットが無限にネットワーク内を循環し続ける状態を指します。この状態が発生すると、ネットワークのパフォーマンスが大幅に低下し、最悪の場合はネットワーク全体が停止することもあります。

この問題を解決するために開発されたのが**STP**（Spanning Tree Protocol）です。STPは、ネットワーク内で発生する可能性のあるループを自動的に検出し、不要なループを作らないようにリンクを選択的に論理的にブロックします。こ

れにより、ネットワークは安定し、データの循環や衝突を避けられるようになります。STPは、ネットワーク内の各スイッチがルートブリッジと呼ばれる特定のスイッチを中心に、冗長なリンクを論理的にブロックしながらも最適なデータパスを形成することで機能します。

■ ネットワークループとSTP

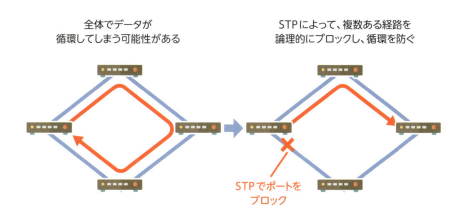

○ NAT/NAPT

NAT（Network Address Translation）/**NAPT**（Network Address Port Translation）は、LAN内のプライベートIPアドレスをインターネット上のグローバルIPアドレスに変換する仕組みです。グローバルIPアドレスと内部のプライベートアドレスを1対1で紐づけるケースではNAT、LAN内の複数のデバイスが単一のグローバルIPアドレスを共有してインターネットにアクセスできるよう、ポート番号を利用してIPアドレスを変換するのがNAPTです。

たとえば家庭やオフィスでは、多くのデバイスが1つのルーターを通じてインターネットに接続します。多くの場合、ルーターはNAPTを使用して各デバイスのプライベートIPアドレスをグローバルIPアドレスに変換しています。

また、クラウドプロバイダーが提供するロードバランサーやVPNゲートウェイなどのサービスも、NATやNAPTを使用してIPアドレスの変換を行っていま

085

す。これによりセキュリティが強化され、管理が容易になるとともに、クラウドリソースのスケーラビリティと柔軟性が向上します。

しかし、NAT/NAPTにはデメリットもあります。その1つがNATテーブルの枯渇です。NATテーブルは、内部ネットワークの各デバイスと外部ネットワークとの間の通信を追跡するための情報を保存します。デバイスが増えたり、同時に接続するセッションが増えたりすると、NATテーブルがいっぱいになり、新しい接続を処理できなくなることがあります。これは、とくに大規模なネットワークや多くのデバイスが一斉に通信を行う場合に問題となる場合があります。

■ NAPTの例

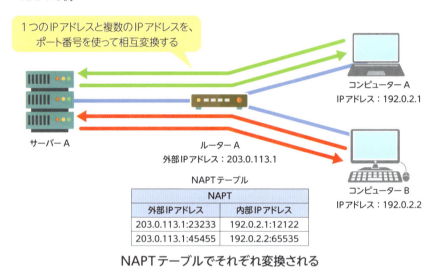

VLAN

VLAN（Virtual Local Area Network）は、物理的なネットワークを複数の仮想ネットワークに分割する技術です。これにより、デバイスの物理的な場所によらず同一のローカルネットワーク上にあるかのように通信できます。

VLANを使用する主な目的は、ネットワークのセグメンテーションによるセキュリティと効率の向上です。たとえば、部門Aと部門Bを別々のVLANに割り当てることで、部門間でのデータアクセスを制限し、セキュリティを強化で

きます。また、ブロードキャストの範囲を小さくすることで、ネットワークのパフォーマンスを向上させることもできます。VLANは原則として最大で4096個の仮想ネットワークをサポートします。

近年では、大規模なネットワークを構築する際にVXLAN（Virtual Extensible LAN）という技術も利用されています。VXLANは約1,600万個の仮想ネットワークをサポートし、大規模なデータセンター間やクラウド環境のスケーラビリティと柔軟性を大幅に向上させます。VXLANはL3ネットワークをまたいでL2ネットワークを拡張するため、従来のVLANの制限を超えて広範囲の仮想ネットワーク構築が可能です。

■ VLAN

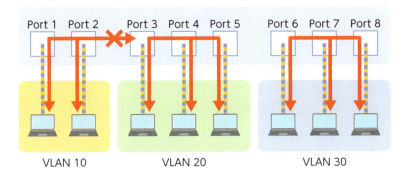

異なるVLAN ID間では通信ができない

ICMP

ICMP（Internet Control Message Protocol）は、インターネットプロトコル群の一部であり、主にネットワークデバイス間でエラーメッセージや運用情報を伝達するために使用されるプロトコルです。このプロトコルの目的は、ネットワーク上で発生する問題を診断し、情報を通知することにあります。

最もよく知られているICMPの用途はpingコマンドです。このコマンドを使用することで、ユーザーは特定のネットワークデバイス（たとえばWebサー

バー）が応答可能かどうかを確認できます。

　ユーザーが問い合わせのパケット（Echo Request）をWebサーバーに送信すると、受け取ったサーバーはパケット（Echo Reply）を返します。応答がない場合、何らかの要因でパケットが到達しないと考えられます。また、応答時間（往復時間）を測定できるため、ネットワークのパフォーマンスを診断するのにも役立ちます。

DHCP

　DHCP（Dynamic Host Configuration Protocol）は、ネットワーク上のデバイスに自動的にIPアドレスを割り当てるプロトコルです。DHCPサーバーは、ネットワーク内のデバイスが接続を要求すると、利用可能なIPアドレスを割り当て、そのIPアドレスのリース期間を設定します。リース期間が終了する前にデバイスが再接続すると、同じIPアドレスが再割り当てされます。これにより、IPアドレスの効率的な利用とネットワークの安定性が保たれます。

①DHCPサーバーを検索する（DHCP Discover）
②IPアドレス情報を提案し送信する（DHCP Offer）
③提案されたIPアドレスの払い出しを要求する（DHCP Request）
④払い出したIPアドレスの利用を承諾する（DHCP Ack）

DNS

　ドメイン名とIPアドレスの相互変換を行う仕組みは**DNS**（Domain Name System）と呼ばれます。たとえば、Webサイトにアクセスする際には、ドメイン名（www.example.comのような文字列）だけではなく、コンピューターが通信をするためにはそのサイトの正確な位置を示すIPアドレスが必要です。ホスト名やサブドメイン名などを省略しないドメイン名をFQDN（完全修飾ドメイン名）と言います。

　ブラウザーにURLを入力すると、そのリクエストはまずキャッシュDNSサーバーに送られます。キャッシュDNSサーバーは、以前に同じ問い合わせがあっ

た場合はその結果を原則TTL（Time to Live）に則り一時的に保存しているため、素早く返答できます。キャッシュに情報がなければ、キャッシュDNSサーバーは権威DNSサーバーに問い合わせます。権威DNSサーバーはそれぞれ特定のドメインに関する情報を持っており、問い合わせを繰り返すことで最終的にホストのIPアドレスを返します。

■ DNSの仕組み

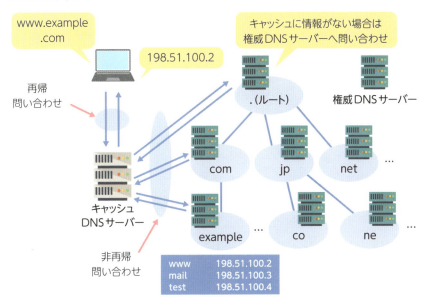

まとめ

- ルーティングは、ネットワーク上でデータを目的地に届けるために最適な経路を選択する技術である
- NAT/NAPTは、プライベートIPアドレスをグローバルIPアドレスに変換する際に使われる
- DNSは、ドメイン名とIPアドレスの相互変換を行う仕組みである

Chapter 2　ネットワークの基礎知識

19　クラウド・仮想化時代のネットワーク

クラウドコンピューティングと仮想化技術の進化は、現代のネットワークインフラを劇的に変革しています。これにより、企業は柔軟性とスケーラビリティを高め、コスト効率を向上させることが可能になりました。

● ハイブリッドネットワーク

　クラウドとオンプレミスを繋ぐ**ハイブリッドネットワーク**は、企業のITインフラにおいて重要な役割を果たしています。ハイブリッドネットワークを導入する主な目的は、オンプレミスとクラウドの長所を活かしながら、ビジネスニーズに合わせて最適なリソース配分を行うことです。

　たとえば機密性の高いデータや重要なアプリケーションはオンプレミスに保持し、拡張性や柔軟性が求められるワークロードはクラウドに移行できます。ハイブリッドネットワークの構築では、オンプレミスとクラウド間の接続性とセキュリティが重要で、一般的にはVPNが使用されます。

■ハイブリッドクラウドネットワーク

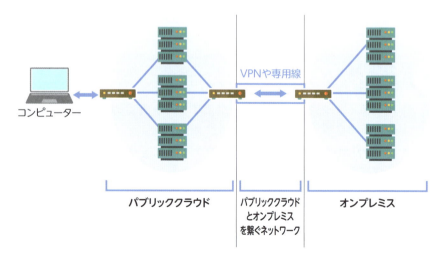

● SDN

SDN（Software-Defined Networking）は、ネットワークを柔軟かつ効率的に管理するための技術です。従来のネットワークは、各ネットワークデバイスが個別に設定され、物理的な機器に大きく依存していましたが、SDNではネットワークの制御をソフトウェアで行うことでより動的で柔軟な構成が可能です。

SDNの基本的な考え方は、ネットワークの制御プレーン（コントロールプレーン）とデータプレーンを分離することにあります。コントロールプレーンはネットワーク全体の管理を行い、データプレーンは実際のデータ転送を担当します。SDNではコントロールプレーンを集中管理します。

SDNの利点は、ネットワークの設定や変更を迅速に行えることです。従来のネットワーク設定では新しいルーターやスイッチの個別設定に時間がかかります。SDNなら一括で設定を変更でき、短時間でのネットワーク構築が可能です。

● エッジコンピューティング

エッジコンピューティングは、データ処理をデータが生成される場所の近くで行う技術です。データの送受信にかかる時間を短縮してリアルタイム性を向上させ、迅速な反応を可能にします。クラウドでは、データは遠く離れたデータセンターで処理されますが、エッジコンピューティングでは、データが生成された場所やその近くで処理されます。

まとめ

▶ ハイブリッドネットワークは、クラウドとオンプレミスの長所を活かした構成である

▶ SDNによりネットワークを柔軟かつ効率的に管理できる

Chapter 2 ネットワークの基礎知識

20 モバイルネットワーク

モバイルネットワークは、5G技術の登場により大きな変革を遂げています。これにより、高速通信、低遅延、大容量のデータ伝送が実現し、スマートシティ、IoT、遠隔医療など多岐にわたる分野での応用が期待されています。

● モバイルネットワークの歴史と進化

モバイルネットワークは、過去数十年にわたって大きく進化してきました。

初期の1G（1979年〜1990年代）はアナログ通信を基盤としており、音声通話のみをサポートしていました。その後、2G（1990年代〜2000年代初頭）ではデジタル通信の導入によってテキストメッセージの送受信が可能に、3G（2001年〜2010年代初頭）ではインターネットアクセスとデータ通信速度が大幅に向上し、スマートフォンの普及を後押ししました。

4G LTEはさらに高速なデータ通信を実現し、高品質なビデオストリーミングやオンラインゲームなど、データ集約型のアプリケーションの使用を可能にしました。現在では5Gが登場し、それまでの技術と比べて格段に高速な通信、低遅延、大量のデバイス接続を実現しました。IoT技術や自動運転車、遠隔医療など、新たな用途への扉を開いています。

● 5G技術の特徴と応用

5Gは、前世代のモバイルネットワークと比較して、ネットワークスライシング技術やコントロールプレーンとユーザープレーンの分離など、顕著な改善をもたらしています。これにより、特定の用途に応じた柔軟なネットワーク運用が可能になっています。また、5Gの3つの主要な特徴として、高速通信能力、低遅延性、そして同時に多数のデバイスをサポートできる能力を提供します。

これらの特徴は、多くの新しい技術やアプリケーションの基盤となるだけでなく、多くの産業や日常生活でも広く応用されることが見込まれています。

■ 主要な5G技術

技術名	概要
eMBB (enhanced Mobile Broadband)	大容量のデータ通信を高速で提供するための技術。これまでよりも高周波数帯の電波帯域や大規模な素子アンテナなどを用いることで、4Kや8KビデオのストリーミングやVRといった帯域幅を大量に消費する高精細なアプリケーションの利用を可能にする
URLLC (Ultra-Reliable and Low-Latency Communications)	通信の遅延を最小限に抑えるために、短い伝送時間間隔や高速再送制御などの技術仕様を用いる。リアルタイムでの制御や遠隔制御などでの利用が見込まれる
mMTC (massive Machine Type Communications)	1平方キロメートルあたり最大で約100万台のデバイスを同時に接続できる能力や、広範囲にわたるデバイスの接続をサポートする。スマートシティ、大量のデバイス接続が必要なIoT分野での活用が見込まれる

次世代モバイルネットワーク：6Gの展望

6Gは、5Gの提供する基盤の上に構築され、2030年代初頭の実用化を目指して研究が進められています。6Gは5Gを超える通信速度、さらに低い遅延、そしてさらなるデバイス接続能力の実現が期待されています。6Gによって、高精度な仮想現実（VR）、拡張現実（AR）、さらにはホログラフィック通信など、現在では想像もつかないようなアプリケーションが可能になるかもしれません。また、6Gは人工知能（AI）との統合を深め、ネットワークの自己管理や最適化を実現し、よりスマートで効率的な通信環境を提供することが期待されています。

まとめ

- モバイルネットワークの技術は、過去数十年にわたって進化してきた
- 高速・低遅延・多デバイス接続を実現する5G技術は、IoT・自動運転・遠隔医療などで活用されている

Chapter 2 ネットワークの基礎知識

21 ネットワークのセキュリティ

ネットワークセキュリティは、デジタル情報を保護し、サイバー攻撃からネットワークを守るために不可欠です。ここではネットワークセキュリティの主要な仕組みについて解説します。

● SSL/TLS

SSL/TLSは、インターネット上でデータを安全に送受信するためのプロトコルで、通信の暗号化を行います。SSL（Secure Sockets Layer）とその後継であるTLS（Transport Layer Security）は、情報の盗聴や改ざんを防ぎ、ユーザーとサーバー間の通信を保護します。

オンラインショッピングで入力したクレジットカード情報や個人情報がインターネットを通じて送信される際に、SSL/TLSで暗号化され、第三者による盗み見や改ざんを防ぎます。SSL/TLSが使用されているWebサイトはURLが「https://」で始まり、ブラウザーによってはアドレスバーに鍵のマークが表示されます。

● VPN

VPN（仮想プライベートネットワーク）は、手元のデバイスと通信先のネットワークの間に仮想的なトンネルを作り、このトンネルを通してデータを送受信する技術です。これにより、通信内容の漏洩や改ざんを最小限に抑え、安全なデータ通信を実現します。

VPNはリモートワークをする際にも非常に役立ちます。企業内ネットワークに安全にアクセスできるため、オフィス外の好きな場所で仕事ができます。VPNを使用することで、企業の機密情報が外部に漏れるリスクを最小限に抑えつつ、柔軟な働き方を実現できます。

VPNにはいくつかのプロトコルが使用されています。代表的なものにPPTP、

094

L2TP、IPsecなどがあります。これらのプロトコルは、それぞれ異なるレベルのセキュリティと性能を提供します。

■ VPNで社内サーバーへアクセス

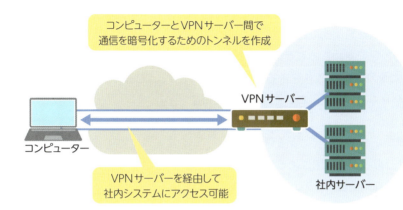

◯ IDSとIPS

IDS（侵入検知システム）および**IPS**（侵入防止システム）は、ネットワークやコンピューターに対する攻撃や不正アクセスを検出・防御するための重要なセキュリティツールです。

たとえば大企業では膨大な量のデータがネットワークを通じて行き交いますが、IDSはそれらのトラフィックをリアルタイムで監視し、異常・不審な活動を検出します。IPSは、不審な活動を検出するだけでなく、自動的にその活動をリアルタイムで阻止します。

◯ ファイアウォール

ファイアウォールは、ネットワークの安全を守るための重要なセキュリティツールです。その役割は、外部からの不正なアクセスや攻撃からネットワークを保護し、内部のデータが不正に外部へ漏れないようにすることです。ファイアウォールは、ネットワークトラフィックを監視し、特定のルールに基づいて

アクセスを許可または拒否します。詳しくは第6章で解説します。

● DDoS攻撃対策

DDoS攻撃（Distributed Denial of Service）は、特定のWebサイトやネットワークサービスを意図的に過負荷状態にし、正常な利用者がアクセスできないようにする攻撃です。この攻撃は、多数のコンピューターやデバイスを利用して一斉に大量のリクエストを送ることで行われます。DDoS攻撃対策は、ネットワークセキュリティにおいて非常に重要です。

- トラフィックの監視による早期検知
- 負荷分散技術の応用による負荷軽減
- DDoS専用防御システムの導入による自動検出・ブロック
- DDoS防御サービスの利用による負荷軽減

● ネットワークセグメンテーション

ネットワークセグメンテーションは、ネットワークをより小さなネットワーク（サブネット）に分割する手法で、セキュリティの強化にも役立ちます。この手法により、ネットワーク全体のトラフィックを管理しやすくし、攻撃や不正アクセスの影響を限定的にできます。詳しくは第6章で解説します。

まとめ

- ▶ インターネット上で安全にデータを送信するため、SSL/TLSが使われる
- ▶ IDS/IPS/ファイアウォールはセキュリティで重要な役割を担う
- ▶ DDoS攻撃からネットワークを守るための対策にはさまざまなものがある

3章

サーバー・OS・
ミドルウェアの
基礎知識

私たちが普段利用しているさまざまなシステム
やサービスを支える重要な要素の1つがサー
バーです。私たち利用者は、ネットワークを通
してサーバーに対して要求をし、サーバーはそ
の要求に応じてさまざまなサービスを提供しま
す。本章では、ITシステムの構成要素である
サーバーと、サーバーを支えるOS・ミドル
ウェアについて解説します。

Chapter 3　サーバー・OS・ミドルウェアの基礎知識

22　サーバーの基礎知識

サーバーは、さまざまなサービスを提供するコンピューターやプログラムであり、ITインフラの中心となる重要な要素の1つです。ここではサーバーの役割と、サーバーを構成するハードウェアについて概説します。

● サーバーとは

サーバーとは、利用者（クライアント）に対してネットワークを介して何らかのサービスを提供するコンピューターやプログラムのことを指します。サーバーの役割には、クライアントからのリクエストの受信と応答、データの管理と共有、リソースの提供などがあります。

サーバーの種類にはWebサーバー、データベース（DB）サーバー、アプリケーション（AP）サーバー、ファイルサーバー、メールサーバーなどがあります。たとえば、WebサーバーはWebブラウザー（クライアント）からのHTMLファイルやイメージファイルなどのコンテンツ要求を受けてそれらのコンテンツを配信する、というサービスを提供しています。

サーバーは、サービスの提供を継続するための冗長構成や、多くのクライアントからのリクエストを処理するための負荷分散の仕組みを備えています。サーバーはITインフラの中核を担い、ITサービスを提供するために必須のものとなっています。

■ WebブラウザーとWebサーバーのやり取り

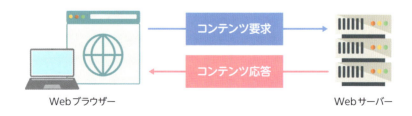

● サーバーのハードウェアを構成する要素

　サーバーのハードウェアは、ネットワーク上でサービスを提供するために高性能で信頼性の高いコンポーネントで構成されています。サーバーハードウェアを構成する要素を構成図で示します。各要素の詳細については以降で説明します。

■ サーバーを構成する要素

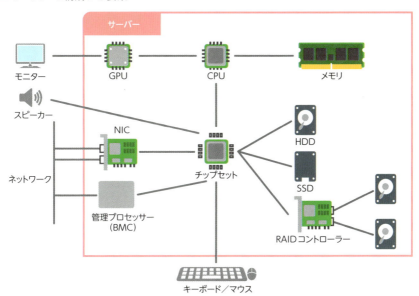

 まとめ

- ▶ サーバーとは、利用者に対して何らかのサービスを提供するコンピューターやプログラムである
- ▶ Webサーバー、データベースサーバー、アプリケーションサーバーなどの種類がある
- ▶ サーバーは高性能で信頼性の高いハードウェアで構成される

Chapter 3 サーバー・OS・ミドルウェアの基礎知識

23 マザーボードとCPU/GPU

サーバーを構成するさまざまなハードウェアは、マザーボードを介して接続されます。また、CPUは演算・処理や周辺機器の制御などを担当するサーバーを支える重要なパーツで、GPUは映像・画像処理を担当するパーツです。

● マザーボードとは

マザーボードは、サーバーを構成するパーツが接続されるメインの基板です。CPU、GPU、ストレージ、メモリ、NIC、電源ユニット、冷却ファンなどのすべてのパーツが接続されます。他にも以下の機能が備わっています。

・入出力ポート

USB、内蔵NIC、オーディオ、ビデオなどの入出力ポートが装備されています。

・チップセット

チップセットにはストレージデバイスのコントローラー、USBデバイスとの通信を可能にするUSBコントローラー、音声の入出力を制御するオーディオコントローラーが含まれます。

・BIOSおよびUEFI

BIOSおよびUEFIは、ROM（Read-Only Memory）に格納され、サーバー起動時のハードウェアの初期化やOS（詳細は「Section 28　OSの役割」で解説）の起動を担当するソフトウェアです（詳細は「Section 27　BIOSおよびUEFIの役割」で解説）。また、BIOS、UEFIの設定情報はCMOSに保存されます。

■ さまざまなパーツがマザーボードに接続される

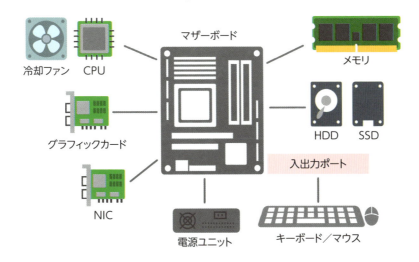

○ CPUとは

　CPU（Central Processing Unit）は「中央演算処理装置」と訳され、コンピューターの中で主要な演算、周辺機器やソフトウェアから来る指示の処理、メモリなどの制御を担当する部分です。汎用プロセッサーとも呼ばれています。

　CPUが各装置を制御し、各装置は主記憶装置（メモリ）を介してCPUとデータをやり取りします。CPU内の独立した処理ユニットを**コア**と呼びます。複数のコアがある場合、各コアが同時に異なる命令を実行できるので、複数のタスクを同時に処理可能になり、全体的な処理性能が向上します。サーバーに使用されるCPUは近年多コア化が進んでいます。サーバー向けのマザーボードには複数のCPUを搭載できるものもあり、この場合はサーバー全体のコア数をさらに増やせます。

　現在サーバーで使用されるCPUは64ビットの**x86-64（Intel64/AMD64）アーキテクチャ**が主流で、それに伴いサーバーOSも64ビット化が進みました。一般的なパソコン用のCPUと比較すると、サーバー用CPUのほうがコア数が多い、搭載可能なメモリの容量が多い、エラー訂正コードメモリ（ECCメモリ）をサポートしている、といった特徴が挙げられます。

パブリッククラウドでは、性能要件や予算に応じてインスタンスタイプを選択することにより、さまざまな種類やコア数のCPUを利用できます。

■ CPUの役割

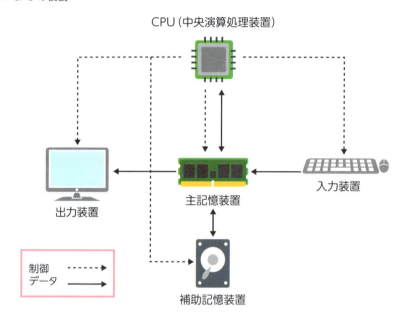

■ 複数コア・複数CPU

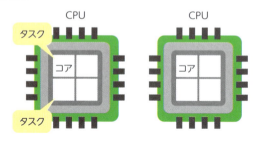

GPUとは

GPU（Graphics Processing Unit）は、主に画像や映像処理に特化したプロセッサーです。当初はビデオゲームや3Dグラフィックスの描画に使用されていま

したが、高い並列処理能力から数値計算や科学技術計算にも利用され、とくにハイパフォーマンスコンピューティングや機械学習などの分野で活用されています。

　GPUは大量の小さなコアを備えており、これにより同時に多くのデータを処理できます。通常のCPUは数個から数十個の高性能なコアを持つことが一般的ですが、GPUは数百から数千のコアを搭載しており、とくに定型的かつ膨大な計算においてCPUよりも優れたパフォーマンスを発揮します。一方で、GPUはCPUと比較して消費電力や発熱量が大きくなるため、データセンターの冷却システムに与える影響を考慮した上で、GPU搭載サーバーを設置する必要があります。

　GPUの機能を、画像や映像に関する処理以外の計算用途に流用する仕組みは**GPGPU**（General-purpose computing on graphics processing units）と呼ばれ、処理データをメモリからコピーして計算処理を実行し、処理結果をメモリにコ

■ CPUとGPUの処理

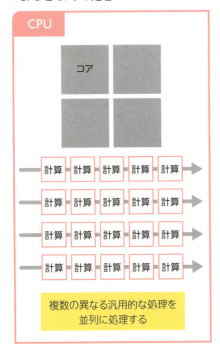
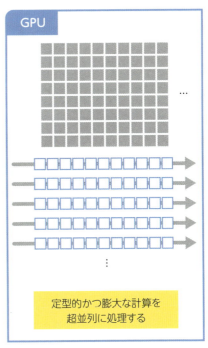

ピーします。

　パブリッククラウドでもGPUに対応したインスタンスタイプを選択できますが、一般的なインスタンスタイプと比較すると非常にコストが高額だったり、GPUの人気が高くGPUインスタンスが不足して必要な時に確保できなかったり、といったデメリットが考えられます。

■ 画像処理とGPGPU

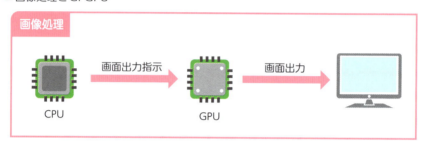

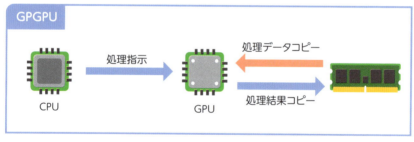

まとめ

- マザーボードはサーバーを構成するパーツが接続される基板である
- CPUは各種演算、周辺機器やソフトウェアからの命令の処理、メモリ制御などを担当する
- GPUは画像や映像処理に特化したプロセッサーで、近年はハイパフォーマンスコンピューティングや機械学習などの分野でも活用されている

Chapter 3 サーバー・OS・ミドルウェアの基礎知識

24 記憶装置
～ ストレージとメモリ

サーバーでデータを記憶する際には、ストレージとメモリという大きく2種類の記憶装置が利用されます。ストレージはデータを永続的に保存するためのものです。一方のメモリは、一時的にデータを記憶するためのものです。

● ストレージとは

ストレージは、データを永続的に保存し必要な時に取り出すための装置で、「補助記憶装置」とも呼ばれ、コンピューターの電源を切ってもデータを保持できます。現在は一般的に**HDD**（ハードディスクドライブ）と**SSD**（ソリッドステートドライブ）の2種類が利用されています。

・HDD

　磁気ディスク上にデータを格納する装置で、データを読み書きする際に回転するディスクとディスクの特定の場所に移動する磁気ヘッドを使用します。SSDと比較すると大容量で低コストですが、アクセス速度が遅い、機械的な構造を持つため耐衝撃性に劣るという特徴があります。

・SSD

　半導体メモリの一種のフラッシュメモリを使用してデータを格納する装置です。機械的な部品がないため、HDDと比較するとアクセス速度が速い、耐衝撃性が高いという特徴があります。

● メモリとは

メモリは、プログラムやデータを一時的に格納するための装置で、「主記憶装置」と呼ばれます。コンピューターの電源を切るとデータが消失するため、揮発性メモリとも呼ばれます。CPUがアクセスしやすく高速な読み書きが可

105

能なため、実行中のプログラムや作業データに迅速なアクセスが可能です。

メモリの容量が不足すると、サーバーの処理性能が低下したり、アプリケーションのクラッシュが発生したりすることがあります。適切なメモリ容量を確保することは、システムの安定性とパフォーマンスの維持のために重要です。

ストレージとメモリの関係

ストレージを書類を保存するためのバインダーにたとえると、メモリは書類を広げるための机とたとえられます。メモリの容量が多い＝机が広いということになり、机が広ければそれだけ多くの書類をバインダーから取り出し広げられます。つまり、バインダーから書類を取り出す頻度が減って作業効率が向上します。メモリが少ない場合、不足するデータを都度ストレージにアクセスして取り出すことになり、そのたびに待ち時間が発生して作業効率が低下します。

■ストレージとメモリの関係

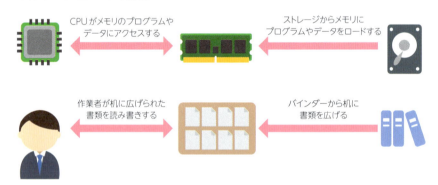

まとめ

- ストレージは、データを永続的に保存し必要な時に取り出せ、補助記憶装置とも呼ばれる
- メモリは主記憶装置とも呼ばれ、永続的なデータの保持はできないが読み書きが高速という特徴がある

Chapter 3　サーバー・OS・ミドルウェアの基礎知識

25 NIC：ネットワークインターフェースカード

サーバーがネットワークを介してクライアントや他のサーバーなどとデータの送受信を行うためには、ネットワークに接続するための機能を提供するNICが必要になります。ここでは、NICの役割について解説します。

● NICとは

　NIC（ネットワークインターフェースカード：Network Interface Card）は、サーバーをネットワークに接続するための装置で、イーサネットケーブルで接続するためのLANポート（イーサネットポート）もしくは光ファイバケーブルで接続するためのSFPポートを1つ以上持ちます。NICには、マザーボードに統合された内蔵NICとマザーボードのPCIeスロットに差し込む形の拡張カードNICがあります。NICを使ってサーバーはネットワーク上で通信し、他のデバイスとデータを送受信できます。

■ ネットワークインターフェースカード（写真提供：FS JAPAN株式会社）

出典：https://www.fs.com/jp

サーバー用のNICは一般的に複数のポートを持ち、それぞれのポートを異なるネットワークに接続したり、複数のポートを単一の論理的なポートにして冗長化したり、ネットワーク帯域を増やしたりできます。

　なお、NICのポートにはそれぞれ一意のMACアドレスが設定されています（第2章を参照）。

■ 複数のポートを使った冗長化／帯域増加

まとめ

- **NICは、サーバーをネットワークに接続する際に使われる装置である**
- **サーバーは一般的に複数のポートを備えていることが多い**
- **それぞれのポートを異なるネットワークに接続したり、複数のポートを使って冗長化したりできる**

Chapter 3　サーバー・OS・ミドルウェアの基礎知識

26 サーバーを構成するその他のハードウェア

このセクションでは、サーバーを構成するその他のハードウェアのうち、RAIDコントローラー、管理プロセッサー（BMC）、電源ユニット（PSU）、冷却ファンについて解説します。

● RAIDコントローラー

RAIDとは、複数の物理的なディスクドライブを組み合わせて1つの論理的なディスクドライブに見せる技術です。RAIDは、データを複数のディスクドライブに保存することで耐障害性や信頼性を向上させることができ、また複数のディスクドライブに並列でアクセスすることで高速化することも可能です。

RAIDコントローラーはRAID構成を管理する装置で、マザーボードに統合された内蔵RAIDとマザーボードのPCIeスロットに差し込む形の拡張RAIDカードがあります。

■ RAID

● BMC：管理プロセッサー

管理プロセッサーは、サーバーのリモート管理機能やハードウェア監視機能を提供する専用のプロセッサーです。**BMC**（Baseboard Management Controller）とも呼ばれ、サーバーメーカーが提供する専用のハードウェアやチップセットとして組み込まれます。また、通常のLANポートとは別に管理プロセッサー

アクセス専用のLANポートが装備されていることがあります。

一般的に、以下の機能が提供されます。

・リモートコンソールアクセス

リモートからサーバーのコンソールにアクセスする機能です。これにより、リモートからBIOS/UEFI設定やOSのインストール、トラブルシューティングなどの操作を行うことが可能となります。

・リモート電源管理

リモートからサーバーの電源オン／オフや再起動を制御する機能です。これにより、物理的にアクセスが難しい場所に設置されたサーバーの電源制御が可能となります。

・ハードウェア監視

プロセッサーやメモリ、温度センサーなどのハードウェアリソースの状態を監視し、異常が検出された場合にはアラートを発行します。これにより、システムの問題をリアルタイムで検知できます。

■ 管理プロセッサー

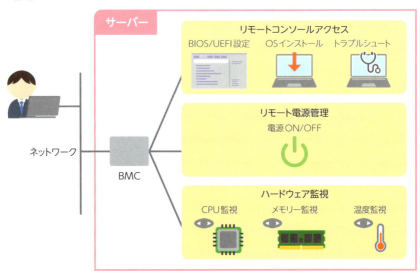

PSU:電源ユニット

電源ユニット(Power Supply Unit:PSU) は、サーバーに電力を供給するための装置です。電源ユニットが冗長化されている場合は、1つの電源ユニットが故障した時にも、サーバーを起動したまま電源ユニットの交換が可能となります。

冷却ファン

冷却ファンは、サーバー内の熱を放熱するために使用されるファンで、CPU、メモリ、ストレージ、電源などから発生する熱を効果的に外部に排出し、サーバーの安定動作のための適切な温度を維持します。冷却ファンが冗長化されている場合は、1つの冷却ファンが故障した時にも、サーバーを起動したまま冷却ファンの交換が可能となります。

まとめ

- RAIDは複数の物理的なディスクドライブを1つの論理的なディスクドライブに見せる技術である
- RAIDは耐障害性や信頼性の向上、高速化などの目的で使用される
- 管理プロセッサーは、サーバーのリモート管理機能やハードウェア監視機能を提供する
- 電源ユニットや冷却ファンを冗長化することで、サーバーを起動したまま故障した機器の交換が可能になる

Chapter 3 サーバー・OS・ミドルウェアの基礎知識

27 BIOSおよびUEFIの役割

BIOS/UEFIは、サーバーの起動時に最初に起動されるソフトウェアです。ハードウェアの初期化、ブートローダーのロード、OSの起動、ハードウェアの診断とエラー管理などの機能を提供します。

● BIOS/UEFIとは

BIOS（Basic Input/Output System）および**UEFI**（Unified Extensible Firmware Interface）は、サーバー起動時に最初に起動されるソフトウェアで、ROMに格納されており、ハードウェアの初期化やOSの起動を行います。UEFIはBIOSの後継で機能が拡張されています。以下の機能を提供します。

・ハードウェアの初期化

　ハードウェアリソース（CPU、メモリ、ストレージ、GPUなど）の検出と自己診断テスト（POSTと呼ばれます）および初期化を行い、正常に動作するための準備をします。

・ブートローダーのロードとOSの起動

　ブートデバイスから**ブートローダー**をRAMにロードし、ブートローダーを起動します。ブートローダーはOSが格納されているパーティションからOSをRAMにロードし、起動します。BIOSはMBRを使用してブートデバイスを特定しますが、UEFIはGPTを使用します。MBRは最大パーティション数が4つ、最大ドライブ容量が2TBの制限がありますが、GPTには制限がありません（OSによってパーティション数が制限される場合があります）。

・ハードウェアの診断とエラー管理

　自己診断テストや起動時にエラーが発生した場合に、ユーザーに警告メッセージを表示します。

- ユーザー設定の管理

  ブートデバイスの起動順序、システムクロックの設定、ハードウェア構成の管理などをカスタマイズできる機能を提供します。

- セキュリティ機能の提供

  UEFIは、セキュアブートと呼ばれるセキュリティ機能を搭載しており、起動時に許可されたソフトウェアのみを起動することで、不正なソフトウェアの起動を防ぎます。

■ BIOSおよびUEFI

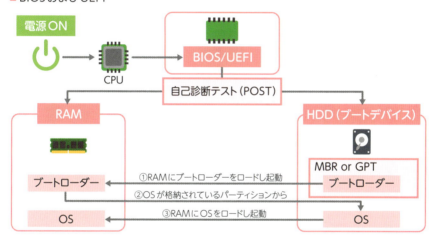

まとめ

- BIOS/UEFIはサーバー起動時に最初に起動されるソフトウェアで、ハードウェアの初期化やOSの起動を行う
- 自己診断テストや起動時にエラーが発生した場合は警告メッセージを表示する
- UEFIのセキュアブート機能は、起動時に許可されたソフトウェアのみを起動することで不正なソフトウェアの使用を防ぐ

Chapter 3 サーバー・OS・ミドルウェアの基礎知識

28 OSの役割

ユーザーがサーバーを操作するための基本機能を提供するソフトウェアがOSです。主な機能には、ユーザーインターフェース、アカウント管理、プロセス管理、メモリ管理、ファイルシステム管理、ハードウェア管理などがあります。

● OSとは

OS（Operating System）は、コンピューターのハードウェアとソフトウェアを管理し、ユーザーがコンピューターを操作するための基本的な環境を提供するソフトウェアです。

ユーザーインターフェース

ユーザーとコンピューターの間のやり取りを実現するためのアプリケーションで、ユーザーインターフェースを提供します。アイコンやボタンなどを用いて直感的に操作するGUIと、コマンドプロンプトから直接コマンドを入力して操作するCUIがあります。

カーネル

カーネルはOSの中核部分のプログラムで、アプリケーションとハードウェアの間を仲介し、アプリケーションが動作するための基本環境を提供します。アプリケーションはハードウェアの制御をカーネルに任せることにより、アプリケーション本来の処理が実行可能になります。

アプリケーションがカーネルの機能を呼び出すときはシステムコールを利用します。ハードウェア側からカーネル機能を呼び出すときは、割り込みと呼ばれる仕組みで割り込みハンドラを利用します。

カーネルはシステムコールや割り込みによる要求を受けて対応する処理を行う、イベント駆動型のプログラムです。主に、以下の機能を提供します。

■ OSの役割

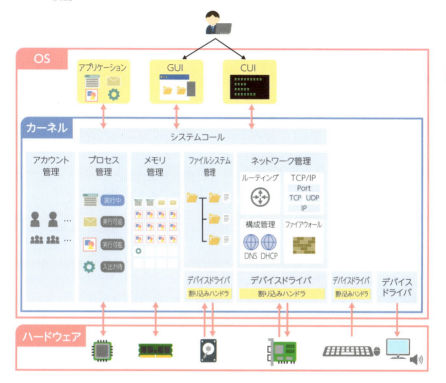

・アカウント管理

　サーバーにアクセスするためのユーザーアカウントの作成、変更、削除、アクセス権の設定などの操作を管理し、各ユーザーアカウントのアクセス権に従ってファイルなどのOSが管理するリソースへのアクセスを制限します。

・プロセス管理

　OSはプロセス（実行中のプログラム）の作成、実行、入出力待ち、終了、複数プロセスの実行スケジューリング、優先順位の管理などを行います。

・メモリ管理

　プロセスが必要とするメモリ領域を動的に割り当て、プロセス終了後に解放します。また、他プロセスに割り当て済みの領域へのアクセスを禁止します。

・ファイルシステム管理

　ファイルやディレクトリの作成、削除、移動、コピーなどのファイルシステムの操作を管理します。また、データの読み書きや保護なども行います。

・ハードウェア管理

　コンピューターのハードウェアリソース（CPU、メモリ、ストレージ、入出力デバイスなど）を管理し、アプリケーションやプロセスがリソースを効率的に利用できるようにするために、リソースの割り当てや共有、保護などを行います。また、ハードウェアデバイス制御のためのソフトウェアであるデバイスドライバを管理し、ハードウェアデバイスとの通信を行います。

● OSのネットワーク機能

　サーバーをネットワークに接続し、他のコンピューターやデバイスと通信する機能を提供します。一般的に、以下の機能が提供されます。

・NICの管理

　NICを検出し、対応するデバイスドライバを設定し、NICのMACアドレスを取得してネットワークインターフェースに設定します。ネットワーク接続を検出し、データの送受信を行います。

・プロトコルのサポート

　TCP/IPなどのネットワークプロトコルをサポートします。

・ネットワーク構成の管理

　NICのMACアドレスに対応するIPアドレスやサブネットマスク、デフォルトゲートウェイ、ホスト名、キャッシュDNSの設定を行います。これらの設定は手動で行う場合と、DHCPにより動的に行う場合があります。

・ルーティングテーブルの管理

　ルーティングテーブルを管理し、最適なネットワーク経路を選択してデータ

を送信します。

・TCP/IPポート番号の管理

　TCP/IPポート（第2章を参照）はプロセス毎に個別の番号が割り当てられます。OSは使用中／未使用のポート番号を管理し、プロセス作成時にポート番号を割り当て、プロセス終了時に解放します。

・ファイアウォール

　IPアドレスやTCP/IPポート番号などの制約条件を設定することで通信相手を制限し、不正なアクセスからコンピューターを保護します（第6章を参照）。

■ OSのネットワーク機能

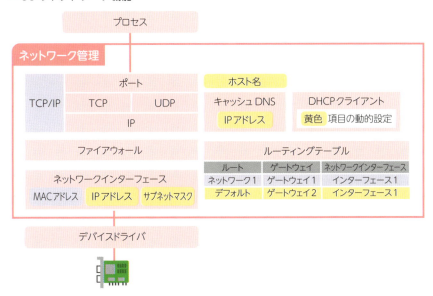

まとめ

▶ **OSはコンピューターを操作するための基本環境を提供する**

Chapter 3　サーバー・OS・ミドルウェアの基礎知識

29 ミドルウェアの役割

OSとアプリケーションの間に位置し、アプリケーション開発の効率化やシステム運用の効率化といった役割を担うソフトウェアです。代表的なミドルウェアには、Webサーバー、アプリケーションサーバー、データベースサーバーなどがあります。

◯ ミドルウェアとは

　ミドルウェアは、OSとアプリケーションの中間に存在するソフトウェアの総称で、以下のような機能を提供します。

・アプリケーション開発の効率化
　データアクセスやネットワークアクセスおよびユーザーインターフェース提供など、アプリケーションが利用する汎用的な機能を提供することで、アプリケーション開発の効率を向上させます。

・システム運用の効率化
　システム全体の負荷分散や拡張および冗長性を実現する機能などの、システム運用で必要となる汎用的な機能を提供することで、システム運用の効率を向上させます。

■ミドルウェア

● 主なミドルウェア

ここで、代表的なミドルウェアについて解説します。

Webサーバーの役割と代表的なソフトウェア

Webサーバーは、Webブラウザーなどのクライアントからのリクエストに従い、WebサイトやWebアプリケーションを提供するためのソフトウェアです。HTML、CSS、JavaScript、画像などの静的コンテンツや、アプリケーションサーバーで生成された動的コンテンツをクライアントに提供します。

標準ではWebサーバーとクライアント間はHTTPプロトコルで通信を行いますが、最近は暗号化されたHTTPSプロトコルで通信を行うことが増えています（第5章を参照）。

代表的なWebサーバーソフトウェアにはApache HTTP Server、Nginx、Microsoft IISがあります。

アプリケーションサーバーの役割と代表的なソフトウェア

アプリケーションサーバー（APサーバー）は、構成要素として、WebサーバーへのインターフェースやWebアプリケーションの実行環境を提供するアプリケーションサーバーソフトウェアと、Webアプリケーション開発を簡易にするための共通機能（ライブラリーやツール）を提供するWebアプリケーションフレームワークに分けられます。

アプリケーションサーバーソフトウェアは、Webサーバーから転送されたクライアントからのリクエストをWebアプリケーションフレームワークに渡し、Java、JavaScript、Ruby、Python、C#.Netなどのプログラミング言語でアプリケーションを実行します。アプリケーションは、Webアプリケーションフレームワークのライブラリーを利用して、ユーザー認証やセッション管理、データ処理、動的コンテンツの生成、Webサーバーへの返却などの処理を行います。

プログラミング言語毎に以下のものがあります。

119

■ 代表的なアプリケーションサーバーとWebアプリケーションフレームワーク

プログラミング言語	アプリケーションサーバーソフトウェア	Webアプリケーションフレームワーク
Java	Apache Tomcat、JBoss	Spring Framework、Apache Struts
JavaScript	Node.js	Express、Koa
Ruby	Puma、Unicorn	Ruby on Rails
Python	Gunicorn、uWSGI	Django、Flask
C#.Net	Microsoft IIS（※Webサーバー兼）	ASP.Net Core

データベースサーバーの役割と代表的なソフトウェア

　データベースサーバー（DBサーバー）は、**DBMS**（データベース管理システム）とも呼ばれ、クライアントからのリクエストに従ってデータの検索、追加、更新、削除といったデータベース操作の処理を行います。また、データベースのバックアップを取得する機能も提供します。

　データベースにはデータの管理方法によりいくつか種類がありますが、Webアプリケーションでは主に**RDB**（Relational Database）、**NoSQL**（Not Only SQL）が使用されます。また、最近ではRDBとNoSQLの特徴を併せ持つ**NewSQL**も使用されています。それぞれ以下の特徴があります。

■ データベースサーバーの種別と特徴

種別	特徴	主なソフトウェア
RDB	事前定義の表形式でデータを管理し、複数の表の関係を定義し関連データを結びつける。一連のデータ操作をトランザクションとし、全操作を実行か未実行にしてデータの一貫性と整合性を保つ。SQLでデータを操作する	MySQL、PostgreSQL、Oracle Database、SQL Server
NoSQL	データ構造の事前定義はなく、柔軟なデータモデルを提供する。データモデルにはドキュメント、キー・バリューなどがある。各NoSQLのAPIでデータを操作する。水平拡張（スケールアウト）性に優れており、大量のデータの扱いと高いスループットを実現可能	MongoDB、Cassandra、Redis、DynamoDB
NewSQL	RDBのトランザクションの扱いと、NoSQLの水平拡張性を併せ持つ新しいDBMS	Cloud Spanner、CockroachDB、TiDB

Webシステムでは、システムをプレゼンテーション層、アプリケーション層、データ層に分けて構成する、Web三層アーキテクチャが広く利用されています。保守性と拡張性が高い設計パターンで、一般的にプレゼンテーション層にWebサーバー、アプリケーション層にアプリケーションサーバー、データ層にデータベースサーバーを利用します。

■ Web三層アーキテクチャ

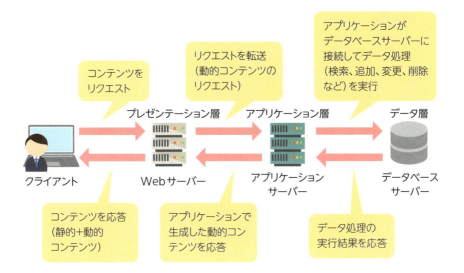

HAクラスタの役割と代表的なソフトウェア

　HAクラスタは、高可用性を実現するためのクラスタリングソフトウェアです。複数のサーバーを連携させることで、1台のサーバーのシステムコンポーネントに障害が発生した際に、もう1台のサーバーにシステムを切り替える（フェイルオーバーとも呼ばれます）ことで、サービスの停止を防ぎます。

　システムが使用するデータベースなどのデータは、HAクラスタを構成する全サーバーが共有して使用する共有ストレージを介して、サーバーからサーバーに引き継がれます。

　代表的なHAクラスタソフトウェアにはPacemaker、Keepalived、LifeKeeper、CLUSTERPRO、WSFC（Windows Server Failover Clustering）があります。

■ HAクラスタ

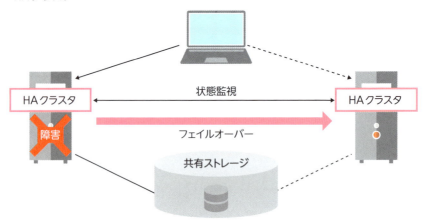

ロードバランサーの役割と代表的なソフトウェア

ロードバランサーは、複数のサーバーに負荷を分散させるためのソフトウェアです。複数のコンピューターにアクセスを分散させることで、システム全体のパフォーマンス向上や高可用性を実現できます。

サーバーにミドルウェアとしてインストールする形態と、専用ハードウェアと専用ソフトウェアのセットで提供されている形態があり、後者を専用アプライアンスと呼びます。専用アプライアンスはハードウェアおよびソフトウェアにロードバランス処理に特化したチューニングがされているため、すぐに最適なパフォーマンスで使用できます。

サーバーの負荷を分散させる方式はいくつかあり、代表的なものを以下に示します。

■ 主な負荷分散形式

形式	概要
ラウンドロビン	クライアントからのリクエストを各サーバーに順番に振り分ける
重み付け	サーバー毎に振り分ける割合を設定し、その割合に応じて各サーバーにリクエストを振り分ける
リーストコネクション	現在処理しているリクエストのコネクション数が最も少ないサーバーにリクエストを振り分ける

ロードバランサーには、特定のクライアントのリクエストを常に同一のサーバーに振り分ける機能もあり、これを**パーシステンス機能**と呼びます。ユーザーのログイン状態やショッピングカートの状態を保持するアプリケーションで重要で、クライアントのIPアドレス、Cookieの情報、SSLセッションIDなどを使用してクライアントを特定し、そのクライアントのユーザーセッション情報を保存する特定のサーバーにリクエストを振り分けられます。

　ロードバランサー機能を提供する代表的なソフトウェアにはHAProxy、Nginxがあります。

■ ロードバランサー

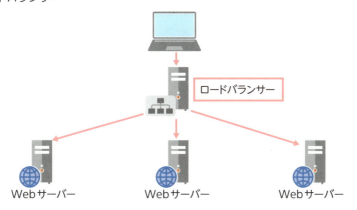

まとめ

- ミドルウェアは、OSとアプリケーションの中間に存在するソフトウェアの総称である
- 代表的なミドルウェアには、Webサーバー、データベースサーバー、アプリケーションサーバー、HAクラスタ、ロードバランサーなどがある

Chapter 3 サーバー・OS・ミドルウェアの基礎知識

30 サーバー仮想化技術

サーバーの物理的なリソースを効率的に利用し、柔軟に管理するために、サーバー仮想化技術が活用されています。サーバー仮想化技術には、大きく分けて仮想マシン型仮想化とコンテナ型仮想化があります。

● 仮想化技術とは

仮想化技術とは、物理的なリソース（サーバー、ストレージ、ネットワークなど）を抽象化し、複数の独立した仮想環境として提供する技術です。リソースをより効率的に利用し、柔軟な管理が可能になります。サーバー仮想化とは、物理的な1台のサーバーハードウェアを仮想的な複数のサーバー（仮想サーバー）に分割して利用する技術です。なお、物理的な1台のサーバーハードウェアに1つのOSをインストールし、ハードウェアリソースを占有して使用する形態を**物理サーバー**と呼ぶこともあります。

■ 物理サーバー

サーバー仮想化にはいくつかの方式がありますが、大きく分けると仮想マシン型仮想化とコンテナ型仮想化があります。

仮想マシン型仮想化

仮想マシン型仮想化は、仮想化ソフトウェアにより、CPU・メモリ・ストレージなどのハードウェアリソースを仮想的に分割してそれぞれを仮想マシン（VM）として扱い、個別にOS（ゲストOSと呼びます）をインストールして仮想サーバーとして使用する形態です。1台のサーバーハードウェア上で複数の仮想サーバーを稼働させることで、ハードウェアリソースを共有して効率的に使用できます。

仮想化ソフトウェアの導入形態の違いにより、ホスト型とハイパーバイザー型の2種類があります。

・**ホスト型**

ホスト型は、既存のOS上に仮想化ソフトウェアをインストールして使用する方式です。この場合のOSをホストOS、仮想化ソフトウェアをホスト型ハイパーバイザーとも呼びます。

OSと仮想化ソフトウェアの両方でハードウェアリソースを使用するため、後述するハイパーバイザー型と比べてゲストOSに割り当てられるリソースが少なくなります。また、ホストOSを介してハードウェアを制御するため、その分のオーバーヘッドが生じます。既存のOSにインストールすることから、ハイパーバイザー型と比較して仮想化環境の構築がしやすい点が特徴です。

・**ハイパーバイザー型**

ハイパーバイザー型は、サーバーハードウェアに直接仮想化ソフトウェアをインストールして使用する方式で、ホストOSが必要ありません。ホストOSがない分、ホスト型と比べてゲストOSにより多くのリソースを割り当てられます。また、仮想化ソフトウェアが直接ハードウェアを制御するため、ホストOS分のオーバーヘッドが生じません。

サーバーハードウェアに直接インストールするため、独自のインストール方式の理解、ハードウェア構成に関する制限の考慮など、専門的な知識が必要になる場合があります。

■ 仮想マシン型仮想化

ホスト型仮想化	ハイパーバイザー型仮想化

ホスト型仮想化

ゲストOS	ゲストOS
アプリ / アプリ	アプリ / アプリ
仮想マシン	仮想マシン
仮想化ソフトウェア	
ホストOS	
サーバーハードウェア	

ハイパーバイザー型仮想化

ゲストOS	ゲストOS
アプリ / アプリ	アプリ / アプリ
仮想マシン	仮想マシン
仮想化ソフトウェア	
サーバーハードウェア	

○ コンテナ型仮想化

コンテナ型仮想化とは、仮想マシン型仮想化とは異なり、OSのカーネルを共有しながら、OSが管理するリソースを仮想的に分割してそれぞれを独立した環境（コンテナ）として使用する形態です。各コンテナではホスト名・ネットワークスタック・ユーザーID・プロセスIDなどの名前空間を独立して持てます。

カーネルを共有することで、仮想マシン型仮想化よりさらにハードウェアリソースを効率的に使用できます。また、コンテナの起動はプロセスが起動するのとほとんど差がないので、OSから起動する仮想マシン型仮想化と比較すると非常に速く起動できます。仮想サーバー上でコンテナ型仮想化を実現することも可能です。

コンテナに含まれる範囲の違いにより、システムコンテナとアプリケーションコンテナの2種類があります。

・システムコンテナ

システムコンテナは、コンテナ内に通常のOSと同様にシステムプロセスやア

プリケーションが複数起動している形態です。コンテナ型仮想化では、仮想サーバーと同様の使い勝手を実現できます。

・アプリケーションコンテナ

アプリケーションコンテナは、コンテナ内に単一のアプリケーションやサービスが起動している形態です。アプリケーションとライブラリーなどの依存関係を含む環境をカプセル化することにより、異なるOS環境でも実行できます。

■ コンテナ型仮想化

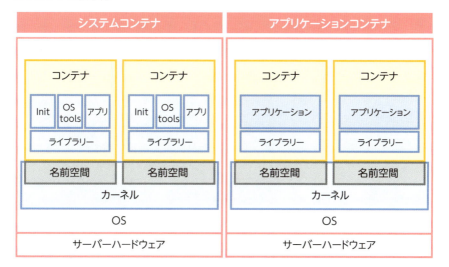

コンテナオーケストレーター

コンテナオーケストレーターは、コンテナが起動する複数の物理サーバーおよび仮想サーバーをクラスタ化し、そのクラスタに対して複数のコンテナを自動配置したり、運用を自動化したりするためのソフトウェアで、以下のような機能を提供します。

・自動デプロイメント

クラスタに対してコンテナのデプロイを指示すると、自動的にリソースに空きがあるサーバーを選択しコンテナをデプロイします。また、複数コンテナ

のデプロイを指示すると、自動的に複数のサーバーに対してコンテナをデプロイします。

・自動スケーリング

アプリケーションの負荷が高まると、負荷を分散させるために自動的にコンテナの数を増やします。

・自動リカバリー

コンテナが起動しているサーバーが障害でダウンした場合、自動的に別のサーバーでコンテナを起動します。

■ コンテナオーケストレーター

> **まとめ**
>
> ▶ 仮想化技術とは、物理的なリソースを抽象化し、複数の独立した仮想環境として提供する技術である
> ▶ サーバー仮想化では、物理的な1台のサーバーハードウェアを仮想的な複数のサーバーに分割して利用する
> ▶ サーバー仮想化には、大きく分けて仮想マシン型仮想化とコンテナ型仮想化がある

4章

ITインフラの
クラウド化

クラウドコンピューティング技術により、インターネットを経由することであらゆるコンピューターリソースの利用が可能になりました。本章では、最初にこの技術が生まれた背景やメリットについて解説します。その上で、クラウドサービスの提供モデルやクラウドを活用したITインフラシステムの構築方法などをお伝えしていきます。

Chapter 4　ITインフラのクラウド化

31 クラウドコンピューティングとは

さまざまなコンピューターリソースをインターネット経由で利用可能にしたのが、クラウドコンピューティングという技術です。ここでは、この技術のメリットや誕生した背景についてお伝えします。

● クラウドコンピューティングのメリット

　サーバーやストレージといったコンピューターリソースを、インターネット経由で、いつでもどこからでも利用できるようにした利用形態が**クラウドコンピューティング**（以下、**クラウド**）になります。

　クラウドは、従来のオンプレミス環境に比べて、低コストで導入できる点が大きな魅力です。ハードウェアやソフトウェアの購入、設置、保守といった初期費用が不要なため、初期投資を抑えられます。また、運用面でも、サーバー管理やセキュリティ対策など、煩雑な作業をクラウドサービス提供事業者に委託できるため、人材や時間、コストの削減が可能です。さらに、必要なリソースを必要な時にだけ利用できるため、無駄なリソースの浪費を防ぎ、効率的な運用を実現できます。これらのメリットから、クラウドは近年導入実績が増えており、ITインフラの構築に欠かせない手段となっています。

■ クラウドコンピューティング

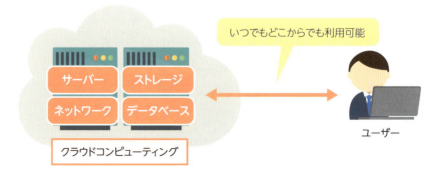

● クラウドサービスはこうして生まれた

「クラウド」という言葉は、それほど昔に生まれたものではありません。インターネットが登場する以前、コンピューターは個々の企業や機関が所有し、自社のオフィスやデータセンターに設置されていました。しかし、インターネットが普及するにつれて、サーバーにアクセスすることでアプリケーションを利用できるサービスが登場しました。それが、**ASP（Application Service Provider）** と呼ばれる事業者です。たとえば、Webブラウザーを使ってメールを送信したり、文書を作成したりするサービスが、ASPによって提供されていました。

ホスティングサービスは、インターネット上に用意されたサーバーにコンテンツをアップロードすることで、世界中に情報を配信できるサービスです。ホームページやオンラインショップなどが、このサービスを利用して運営されています。

「クラウド」は、ASPやホスティングサービスの進化形と言えます。これらのサービスは、ユーザーがコンピューターリソースを直接所有せず、インターネットを介して必要なリソースを柔軟に利用できます。

「クラウド」という言葉が広く知られるようになったのは、2006年になってからです。米Google社のCEOだったエリック・シュミット氏が、あるカンファレンスで「データもプログラムも、雲（クラウド）の中にあるサーバー上に置いておけば良い」というコンセプトでGoogleのサービスが提供されていると説明しました。これが、現在私たちが認識している「クラウド」の概念の始まりです。

従来のサービスとクラウドサービスの違い

従来のASPやホスティングサービスと、クラウドサービスの大きな違いは、必要な時に必要な機能やリソースを即座に提供できる点にあります。ホスティングサービスでは、期間とサーバーのスペックを決めてから契約する必要があります。そのため、サーバーを利用できるようになるまでには、申込みから数日かかることもありました。また、契約期間中は、サーバーを使わなくても、費用を負担しなければなりませんでした。サーバーの処理能力を上げるスケー

ルアップや、サーバーの台数を増やすスケールアウトも、すぐに対応できるものではありませんでした。

一方、クラウドサービスでは、必要な時に必要な台数のサーバーを瞬時に立ち上げることができます。急なアクセス増加やビジネス拡大にも、迅速に対応できます。使わなくなったら、すぐに停止することもできるので、無駄な費用を削減できます。CPUやメモリのスケールアップも、瞬時に実行可能です。

必要な時に必要な機能やリソースを即座に使用できるクラウドサービスは、コスト面にも優れています。初期費用はかからず、使用したリソースに対して、時間またはネットワークトラフィック量に応じて課金されます。不要になったサーバーを停止させることで、費用を最小限に抑えることができます。

クラウドは、誰もが手軽にコンピューターリソースを利用できる技術として、私たちの生活やビジネスに大きな変化をもたらしています。

■ クラウドサービス誕生の経緯

従来型システム
コンピューターは企業や機関が所有し、自社のオフィスやデータセンターに設置

ASP
インターネットを通じて、サーバーにアクセスすることでアプリケーションを利用できるサービス

ホスティングサービス
インターネット上のサーバーにコンテンツをアップロードし、世界中に情報を配信するサービス

クラウドサービス
必要な時に必要な機能やリソースを即座に提供できるサービス

まとめ

▶ クラウドコンピューティング技術が、インターネット経由でコンピューターリソースを活用することを可能にした

▶ クラウドサービスは、必要な時に必要なリソースを即座に用意できる点で従来のASPやホスティングサービスと異なる

Chapter 4 **ITインフラのクラウド化**

32 クラウドサービスの 提供モデル

クラウドサービスは、さまざまな形で提供されています。その中でも、とくに重要なのがSaaS、PaaS、IaaSと呼ばれる3つの提供モデルです。それぞれの特徴を理解することで、用途に最適なサービスを選択することができます。

● SaaS

SaaS（Software as a Service） は、ソフトウェアそのものをサービスとして提供するモデルです。ユーザーは、インターネットを通じて、ソフトウェアをインストールすることなく、Webブラウザーからサービスを利用できます。代表的な例としては、Google Workspace（Gmail、Google Driveなど）、SalesforceなどのCRMツール、Dropboxなどのオンラインストレージサービスなどがあります。

また、スマートフォンアプリでも、データの保存や処理、ユーザー認証などの機能を、SaaS型のサービスを利用して実現しています。たとえば、FirebaseやAWS Amplifyなどのサービスを用いることで、サーバーサイドの開発を効率化できます。他にも、アプリの利用状況を分析するツールとして、SaaS型の分析サービスが活用されていたり、アプリ内に広告を表示する場合にSaaS型の広告配信プラットフォームを利用していたりします。

● PaaS

PaaS（Platform as a Service） は、アプリケーション開発に必要なプラットフォームをサービスとして提供するモデルです。ユーザーは、サーバーやデータベースなどのインフラを自分で用意する必要がなく、開発環境やツールを利用して、アプリケーションの開発や運用を行うことができます。HerokuやAWS Elastic BeanstalkなどがPaaSの代表例です。

アプリケーションの動作に必要なプラットフォームは、PaaSプロバイダー

133

が構築して運用します。動作可能なアプリケーションの形式は、PaaSによって異なります。**Microsoft Azure App Service**は、Java／PHP／Ruby／Python／.NETといった多様なプログラミング言語でアプリケーションを開発できますが、**Salesforce**では、アプリケーションの開発に、**Apex**と呼ばれる独自のプログラミング言語を使用します。

● IaaS

IaaS（Infrastructure as a Service）は、コンピューターリソースやネットワークインフラをサービスとして提供するモデルです。ユーザーは、仮想マシンやストレージ、ネットワークなどを必要なだけ利用できます。ユーザーは、余剰な設備を持つ必要がないため、初期コストや運用コストを抑えられます。AWS、Microsoft Azure、Google CloudなどがIaaSを提供する主要なクラウドプラットフォームです。

料金は従量制になり、ネットワークトラフィック量やサーバーを起動した時間に応じて課金されます。Webブラウザーでクラウド上のコンピューターリソースを操作できる他、APIを通してリソースを操作できるため、CPUやメモリをスケールアップしたり、サーバーをスケールアウトしたりといった作業をプログラムに代行させて、大規模なインフラを瞬時に構築することも可能です。

■ クラウドサービスの提供モデル

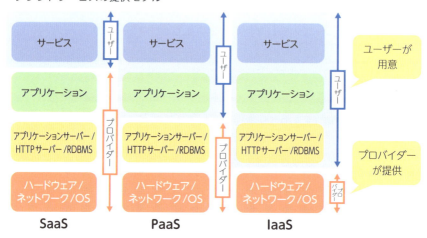

● 各提供モデルを選ぶメリット

それぞれのモデルは、提供されるサービスの範囲が異なります。SaaS は最も利用しやすいサービスですが、カスタマイズの自由度は低いです。PaaS は、開発者に高い自由度を提供しますが、開発スキルが必要です。IaaS は、最も自由度が高く、インフラを自由に構築できますが、運用管理の負担が大きくなります。

PaaS や SaaS を選んだほうが良いケースもあります。たとえば、迅速なサービス開発や展開が必要な場合、PaaS や SaaS は即座に利用可能な環境やツールを提供するため、開発期間を大幅に短縮できます。また、専門的な IT 知識やリソースが限られている中小企業やスタートアップ企業にとっては、PaaS や SaaS を選択することで、高度な技術やインフラ管理の負担なしに、最新のテクノロジーを活用できるといったメリットがあります。

IaaS と比較して、PaaS や SaaS を選ぶメリットは、インフラ管理やメンテナンスにかかる人的・金銭的コストの削減が挙げられます。また、需要の変動に応じて簡単にリソースを拡張または縮小できるスケーラビリティも大きな利点です。さらに、プロバイダーが最新のセキュリティ対策を提供するため、セキュリティ管理の負担が軽減されます。常に最新のテクノロジーや機能にアクセスできることも重要なメリットです。そして、インフラ管理ではなく、コアビジネスやアプリケーション開発に集中できることで、企業の競争力向上にも寄与します。

いずれにせよ、具体的なニーズや要件、既存の IT 環境、長期的な戦略などを考慮して、最適なモデルを選択することが重要です。

まとめ

- ▶ クラウドサービスの主要な提供モデルは、SaaS、PaaS、IaaS の3つである
- ▶ 各提供モデルは、提供するサービスの範囲が異なるため企業の状況や目標に応じて使い分けることが重要

Chapter 4 ITインフラのクラウド化

33 IaaSでITインフラを構築する

クラウドサービスは、さまざまな形態で提供されていますが、中でもIaaSは、ITインフラを柔軟に構築・運用できる選択肢として注目されています。ここでは、IaaSでITインフラを構築するメリットを3つ紹介します。

● コスト削減

IaaSでは、従来のようにハードウェアやソフトウェアを購入する必要がなく、必要なリソースを必要な時だけ利用できます。そのため、初期費用や運用費用の削減が期待できます。さらに、サーバーの稼働状況に合わせてリソースを調整できるため、無駄なコストを抑え、運用効率を向上させることが可能です。

● 柔軟性

IaaSは、さまざまな種類の仮想マシンやストレージを選択できます。また、ネットワーク設定やセキュリティ設定も自由にカスタマイズできるため、自社のニーズに合わせた柔軟なシステムを構築できます。従来のように、特定のハードウェアやソフトウェアに縛られることなく、最適な環境を構築できます。

● スケーラビリティ

IaaSは、需要に合わせてリソースを簡単に増減できます。たとえば、キャンペーンなどでアクセスが急増した場合でも、必要なだけサーバーを追加することで、サービスの安定稼働を維持できます。また、閑散期にはリソースを削減することで、コストを抑えることも可能です。

たとえば、Webアプリケーションを開発する場合、IaaSでは、使用するマシンのタイプ、インストールするOS、実行するアプリケーション、データベースの種類などを、ユーザー側で自由に選択できます。そのため、IaaSを活用す

136

るにはITインフラエンジニアのスキルが必要になります。近年は、クラウドサービスに対する需要の高まりとともに、専門に扱う**クラウドエンジニア**の需要も高まっています。

■ IaaSの特徴

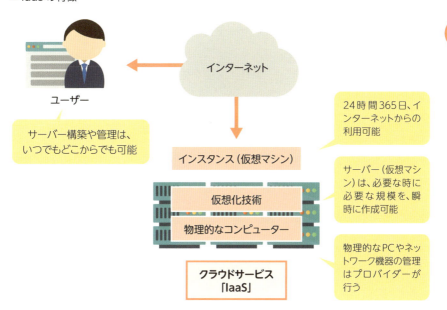

◯ IaaSが提供する主な機能

　IaaSは、複数のソフトウェアや機能で構成されています。この幅広い機能を活用することで、ユーザーは柔軟にITインフラを構築できます。IaaSによって提供される主な機能は次の通りです。

・サーバー管理
　要求に応じて、CPUやメモリなどのリソースを割り当て、仮想マシンであるサーバーを作成します。仮想化技術によって、サーバーの管理を効率的に行います。迅速な立ち上げと柔軟なリソース管理を実現し、従来の物理サーバーに比べて、より効率的な運用を可能にします。近年では、専用の物理マ

シンを扱う **ベアメタルクラウド**も登場し、より高度なニーズに対応できます。

・ストレージ管理

　サーバーの元となる、仮想マシンのイメージファイルやテンプレートを格納する**イメージボリューム**、ユーザーデータ保存用の**ブロックストレージ**などの記憶領域を管理します。I/Oスループットの設定、バックアップ、スナップショット機能など、データ管理に必要な機能を提供します。

・ネットワーク管理

　仮想ネットワークを管理し、仮想マシンにネットワークインターフェースを接続します。ファイアウォール、ロードバランサー、アンチウイルス、不正侵入防御などのセキュリティ機能を提供するIaaSもあります。クラウド上に仮想的なネットワークを構築し、仮想マシンを配置できるサービスも提供されています。広域ネットワークからローカルネットワークまで、システム規模や要件に合わせて柔軟に設定できます。

・認証／セキュリティ管理

　ユーザーを認証し、各機能やコンポーネントへのアクセスを制御します。管理者、一般ユーザー、ドメイン、テナント、ゾーンなどの単位でアクセス権を設定できます。セキュリティを強化し、安全なクラウド環境を実現します。

・インターフェース管理

　ユーザーが仮想マシンなどの管理を行えるよう、Webブラウザーベースのユーザーインターフェースが提供されています。また、プログラムからIaaSの機能を操作できるようAPIを提供することで、Webブラウザーを介さずに、コードによってITインフラの構築や運用を行う**Infrastructure as Code（IaC）**を可能にしています。

　ここまで紹介した機能以外に、クラウド環境の構築や管理を自動化する**オーケストレーション機能**、リソースや死活監視を行う**モニター機能**、消費リソー

スやトラフィックに応じて料金を算出する**課金機能**といったコンポーネントも
IaaSによって提供されています。またコンテナ型仮想化を使用した新しいサー
ビスも広がりつつあります。

・オーケストレーション機能

　複数の仮想マシン、ネットワーク、ストレージなどのリソースを連携させ、自動的に管理、配置、調整する機能です。テンプレートを用いてインフラ構成を定義し、設定や運用作業を自動化します。リソースの追加や削除、オートスケーリング機能も提供し、システムの柔軟な運用を実現します。

・モニター機能

　クラウド上の仮想マシンやネットワークといったリソースの状態やパフォーマンスを監視する機能です。ユーザーはCPU使用率、メモリ使用量、ストレージ消費量、ネットワークトラフィックなど、リソースの状況をリアルタイムで把握できます。さらに、異常を検知した際には即座にアラートを通知する機能も備え、迅速な障害対応や性能改善を支援します。

■ IaaSによって提供される主な機能

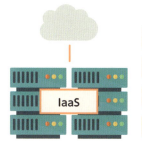

サーバー(仮想マシン)の管理機能	インターフェース管理機能
ストレージ管理機能	オーケストレーション機能
ネットワーク管理機能	モニター機能
認証/セキュリティ機能	アカウント管理/課金機能

まとめ

▶ IaaSは、ハードウェアやソフトウェアの購入の必要がなく、初期費用や運用費用の削減が期待できる

Chapter 4 ITインフラのクラウド化

34 パブリッククラウドの メリットとデメリット

パブリッククラウドは、企業や個人を問わず利用したい人なら誰でも利用できるオープンなクラウドサービスです。このパブリッククラウドを利用するメリットとデメリットについて紹介します。

● パブリッククラウドのメリット

パブリッククラウドは、誰でも利用できるオープンなクラウドサービスです。初期費用を抑え、必要な時に必要なだけコンピューターリソースを利用できるため、スタートアップ企業や個人でも手軽に利用できます。

・運用管理・設備維持コストの削減

パブリッククラウドでは、多くのユーザーが共通のインフラを共有するため、運用管理費や設備維持費を大幅に削減できます。OSやソフトウェアの更新、セキュリティ対策、定期的なメンテナンスといった煩雑な作業は、クラウド事業者が一括して行うため、ユーザーはサービスの利用に専念できます。

・需要に応じた柔軟なリソース確保

さらに、需要に応じてリソースを柔軟に増減できるため、キャンペーンなどでアクセスが急増した場合でも、安定した稼働を維持できます。

● パブリッククラウドのデメリット

しかし、パブリッククラウドには、セキュリティ、カスタマイズ、依存性といった3つの注意点があります。

セキュリティ面では、複数のユーザーが共通のインフラを利用するため、データの秘匿性を確保することが重要になります。とくに機密性の高いデータを扱

う場合は、適切なセキュリティ対策を講じる必要があります。

　カスタマイズ面では、クラウド事業者が提供するサービスの範囲内でしか利用できないため、独自のシステムに合わせた細かいカスタマイズは難しい場合があります。

　サーバーやストレージ、ネットワークといったインフラをクラウド事業者に依存しているため、サービス停止や障害が発生した場合、影響を受ける可能性があります。

　パブリッククラウドは、手軽さとコストパフォーマンスを重視する企業や個人にとって、非常に有効な選択肢と言えます。しかし、セキュリティや柔軟性などの課題も理解した上で、適切な利用方法を選択することが重要です。

■ パブリッククラウド

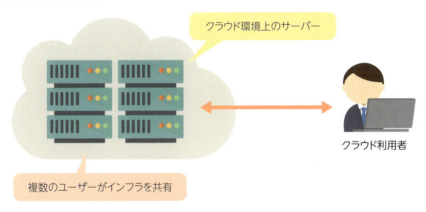

まとめ

- パブリッククラウドの利用で運用管理費や設備維持費を削減できるメリットを享受できる
- パブリッククラウドはクラウド事業者が提供するサービスの範囲内しか利用できず、細かいカスタマイズが困難

Chapter 4 ITインフラのクラウド化

35 プライベートクラウドの メリットとデメリット

プライベートクラウドは、特定の企業や個人が専有するクローズドなクラウドサービスです。このプライベートクラウドを利用するメリットとデメリットについて紹介します。

● プライベートクラウドのメリット

パブリッククラウドは、誰でも利用できる手軽なサービスですが、セキュリティや柔軟性、独自システムへの対応などに課題を抱えています。そこで登場したのが、**プライベートクラウド**です。プライベートクラウドは、自社または契約したデータセンター内に構築された、利用者を限定したクラウド環境であり、まるで自社内にサーバーを設置しているかのように、独立した環境として利用できます。

プライベートクラウドは、セキュリティ、柔軟性、独自のシステム構築といったメリットを備えています。データは自社専用の環境に保管されるため、機密性の高いデータも安心して扱うことができます。また、自社のニーズに合わせてシステムを自由に設計・構築できるため、柔軟な運用管理が可能です。

● プライベートクラウドのデメリット

しかし、プライベートクラウドは、初期費用や運用管理コスト、スケーラビリティといった課題を抱えています。自社でサーバーやネットワーク機器などの設備を用意する必要があるため、初期費用がかかります。さらに、サーバーの設置や運用管理、セキュリティ対策など、自社で行う必要があるため、人材やコストがかかります。また、パブリッククラウドのように、リソースを簡単に増減することができません。

これらの課題を解決するために、近年では**ホステッド型プライベートクラウド**が注目されています。ホステッド型は、クラウド事業者が専用のコンピュー

ターリソースを提供し、その上にプライベートクラウド環境を構築するサービスです。自社で設備を用意する必要がないため、オンプレミス型に比べて導入が容易で、初期費用を抑えられます。さらに、インフラの運用・管理をクラウド事業者に委託できるため、人材コストも削減できます。

プライベートクラウドは、セキュリティと柔軟性を重視する企業にとって、有効な選択肢となります。しかし、コストや運用管理の負担を考慮し、自社にとって最適なクラウドサービスを選択することが重要です。

■ ホステッド型プライベートクラウド

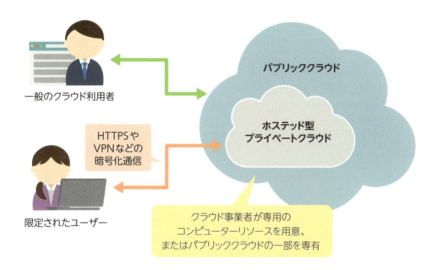

まとめ

- プライベートクラウドの利用は、セキュリティや柔軟性、独自のシステム構築などのメリットがある
- 自社でコンピュータリソースを用意するため、初期費用や運用維持費を抑えることが難しい

Chapter 4 ITインフラのクラウド化

36 サーバーレス

サーバーレスとは、プログラム実行にあたって必要なサーバーの構築や運用を意識する必要がない仕組みです。ここでは、サーバーレスアーキテクチャの基本的な知識について解説します。

● サーバーレスアーキテクチャ

クラウドコンピューティングは、近年ますます進化を続け、サーバーの概念を大きく変えました。従来、アプリケーションを開発・運用するには、サーバーの購入・設置・管理といった、多くの手間とコストがかかっていました。しかし、クラウドサービスの登場により、これらの負担は大幅に軽減され、さらに進化した**サーバーレスアーキテクチャ**と、それを実現したクラウドサービスの**FaaS**により、ITインフラエンジニアからサーバー管理の負担を完全に解放し、開発者がアプリケーション開発に集中できる環境が実現されようとしています。

サーバーレスアーキテクチャとは

サーバーレスアーキテクチャとは、サーバーの管理を意識することなく、アプリケーション開発・運用に集中できるアーキテクチャです。従来のように、サーバーの購入や設定、メンテナンスといった作業は不要で、必要なリソースを必要な時に利用できるため、大幅なコスト削減と開発効率の向上を実現します。サーバーレスアーキテクチャと言っても実際には、物理サーバー上で仮想マシンやコンテナ、アプリケーションが稼働しています。サーバーがないわけではありません。ユーザーから見てサーバーの運用管理を無視できるためサーバーレスといわれています。

サーバーレスアーキテクチャでは、何らかのイベントが発生した時に処理を実行します。たとえば、リクエストが発生した時にWebページを送信したり、ファイルがアップロードされた時に形式を変換して保存したりします。イベン

144

トが発生しない限り何の処理も行われないため、イベントを待ち受けている間、利用者は何もする必要がありません。IaaSでは、リクエストを待機している間も利用者側で仮想マシンを稼働し監視する必要があります。サーバーレスでは、クラウド事業者側で用意されたインフラを使用するため、利用者側はインフラにかかる手間を省いてアプリケーションやサービスの開発に集中できます。

トリガーと呼ばれる処理を実行する条件を設定することで、あとはすべてプラットフォームに任せることができます。

■ サーバーレスアーキテクチャ

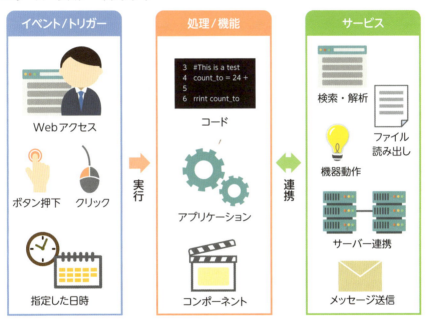

まとめ

- サーバーレスは、プログラム実行時にサーバーの構築や運用を意識する必要がない仕組み
- サーバーレスアーキテクチャの選択で開発に集中できる環境が整い、コスト削減と開発の効率化が可能となる

Chapter 4　ITインフラのクラウド化

37 オンプレミス環境から クラウド環境へ

システムの利用形態は、これまでの主流だった自社施設内でITインフラを保有するオンプレミス環境から自社でITインフラを保有しないクラウド環境への移行が進んでいます。ここでは、この移行が進む背景を解説します。

● クラウド環境への移行が進んだ背景

　企業や組織が自社施設内にITインフラを構築し、運用する従来型の方法を**オンプレミス**と言います。オンプレミス環境では、サーバーやネットワーク機器といった設備の導入に高額な初期投資が必要になります。さらに、インフラの整備には準備期間が必要で、場合によっては年単位の期間がかかることも珍しくありません。将来の拡張を見据えて余裕を持った設計を行う必要があり、需要予測を誤ると無駄な初期投資につながる可能性もあります。また、設備の設計や構築、運用にはデータセンターエンジニア、サーバーのインストールにはサーバーエンジニア、ネットワーク機器の作業にはネットワークエンジニアなど、専門知識を持つ人材が必要となるため、人的リソースの面でも負担が大きくなります。

　従来、多くの企業はオンプレミス環境を採用し、自社施設内にサーバーやネットワーク機器を設置し、自ら管理・運用していました。しかし、ITインフラの複雑化と運用コストの増大に伴い、新たな選択肢が求められるようになりました。その解決策として登場したのが、データセンター事業者の提供する**コロケーション**サービスです。コロケーションでは、企業は自社の機器をデータセンターに設置し、空調、電源、物理的セキュリティ、高速インターネット接続などのファシリティを定額で利用できます。これにより、企業は自社で設備を維持する負担から解放され、より信頼性の高いインフラ環境を確保できるようになります。

　技術の進歩とビジネスニーズの変化に伴い、さらなる柔軟性と拡張性が求められるようになりました。ここで登場した**ホスティング環境**は、一般的にレン

146

タルサーバーと呼ばれるサービスで、事業者が用意したサーバーを専有または共有して利用します。事業者側で設置されたサーバーにOSがインストールされ、アプリケーションサーバーやデータベースサーバーを使用可能な状態で提供されます。一方、ホスティング環境は定額で貸し出され、サービス内容も固定的です。

さらに柔軟にサービスを利用できるようにしたのが、**クラウド環境**です。ホスティング環境の利点を継承しつつ、さらに進化させたモデルと言えます。クラウド環境では、物理的な機器の所有・管理から完全に解放され、必要なリソースを必要な時に必要な分だけ利用できます。スケーラビリティの向上、コストの最適化、最新技術の迅速な導入など、クラウドには多くの利点があります。こうした変遷は、ITリソースの「所有」から「利用」へのパラダイムシフトを象徴しています。

■ オンプレミス環境とクラウド環境の比較

項目	オンプレミス環境	クラウド環境
所有権	企業がハードウェアとソフトウェアを所有	プロバイダーがハードウェアとソフトウェアを所有
設置場所	企業のデータセンター／オフィス	プロバイダーのデータセンター
インフラ管理	企業が管理	プロバイダーが管理
費用	初期費用、運用コストは高め	初期費用、運用コストは低め
拡張性	時間と費用がかかる	迅速な対応が可能
セキュリティ	企業がセキュリティ対策を担う	プロバイダーがセキュリティ対策を担う
可用性	企業が可用性を確保	プロバイダーが可用性を確保
更新と保守	企業が更新と保守を担う	プロバイダーが更新と保守を担う
柔軟性	変更には時間と費用がかかる	迅速な変更が可能

まとめ

▶ 柔軟なサービス利用を可能にするクラウドの利点が、昨今のビジネスニーズにマッチしてクラウドへの移行が進んだ

Chapter 4 ITインフラのクラウド化

38 オンプレミスへの回帰

昨今システムのクラウド環境への移行が加速していますが、その一方、オンプレミス環境への回帰を検討する企業や団体も増加しています。ここでは、その背景について解説します。

● 見直されるオンプレミス環境

近年、クラウドへの移行が進む中でコストやパフォーマンス、セキュリティといったさまざまな要因から、オンプレミス環境が見直され始めています。数年のクラウド運用を経て、企業はオンプレミス環境の利点に改めて注目し、オンプレミスへの回帰やプライベートクラウドとのハイブリッド化を検討・実施するケースが増加しています。この流れを受けて、国内データセンターサービス市場は、高い成長率を維持しています[注4.1]。

● オンプレミスへ回帰する背景

一部の企業ではクラウド環境からオンプレミス環境への回帰、またはハイブリッド化を検討する動きを見せています。

コスト面では、クラウド環境は初期投資が抑えられる一方、毎月の運用費がかさむ傾向があります。長期間利用する場合、初期投資の償却期間を超えて、総コストがオンプレミス環境よりも高くなるケースも少なくありません。長期間利用するインフラにおいては、オンプレミス環境を選択する可能性が高まります。加えて、クラウド環境は需要予測が難しく、予測を上回る利用が発生した場合、計画した予算内に収まらない事態も起こりえます。急激な円安が発生するなどの為替変動によってクラウド利用コストが大幅に上昇する可能性も懸念されています。

注4.1　https://www.soumu.go.jp/johotsusintokei/whitepaper/ja/r04/html/nd236700.html

パフォーマンス面では、オンプレミス環境に比べてリソースを共有する分、パフォーマンスが劣化する可能性があります。細部のチューニングを施す場合でも、クラウドプロバイダーの制約や他のテナントの影響を受けるため、思うようなパフォーマンスを発揮できないケースも考えられます。

　セキュリティ面では、ハードウェアレベルに近いセキュリティ分析が難しいため、セキュリティインシデントの把握や復旧が遅れる可能性があります。また、コンプライアンスやプライバシー管理の厳格化に伴い、機密性の高いデータをオンプレミス環境に移行する企業が増えています。

　クラウド環境は、運用管理の負担軽減というメリットがある一方で、自社のシステムやデータに対する制御権が限定されます。そのため、自社で柔軟な運用管理を行いたい企業や、高度なセキュリティ管理を求める企業にとって、オンプレミス環境は魅力的な選択肢となります。

■ オンプレミスへの回帰

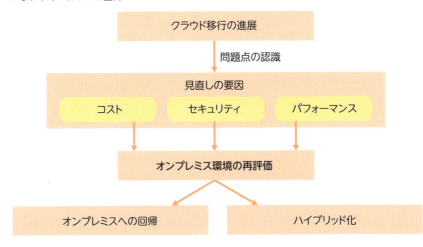

まとめ

- コストやパフォーマンス、セキュリティなどの要因でオンプレミス環境が見直され始めている

Chapter 4 ITインフラのクラウド化

39 クラウドネイティブ
〜 進化するITインフラとアプリケーション

クラウドネイティブとは、最初からクラウド上で運用することを前提に設計や開発を行う考え方やシステムのことを指します。ここでは、この考え方やそれをもとに構築するシステムについて解説します。

● クラウド上での運用を前提とする考え方

クラウドコンピューティング技術は、ITインフラの運用・管理を効率化する強力なツールとして、企業や組織にとって欠かせない存在となっています。従来のオンプレミス環境においても、クラウド技術を活用することで、柔軟なリソース管理、高いスケーラビリティ、効率的なコスト削減を実現できるようになりました。

近年、多くの企業がデジタルトランスフォーメーション（DX）に取り組む中、ITインフラ技術は急速に進化しています。この進化の過程で、まず**クラウドファースト**という考え方が広まりました。

クラウドファーストとは、新しいITシステムやサービスを構築する際に、自社保有のサーバーやデータセンターを利用するオンプレミスよりもクラウドサービスの利用を優先的に検討するアプローチで、初期投資の削減やスケーラビリティの向上などのメリットを享受できます。

そして、クラウドファーストの考え方からさらに進化したのが**クラウドネイティブ**という概念です。さらに進化したクラウドネイティブは、クラウド本来の利点を最大限に活用したシステム構築手法であり、企業がデジタルトランスフォーメーションを成功させるための重要な鍵となっています。クラウドネイティブとは、クラウド上での運用を前提に設計・開発されたアプリケーションやサービスを指します。クラウドネイティブなアプリケーションは、クラウド環境の特性を最大限に活かすように設計されており、ビジネスニーズや需要の変化に応じてリソースを柔軟に増減でき、障害が発生した場合でも自動的にサービスを復元する**レジリエンス機能**により、ビジネスの継続性とサービスの

可用性を確保します。さらに、**継続的インテグレーション（CI）/継続的デリバリー（CD）**といった開発プロセスと連携することで、開発サイクルを高速化し、高品質なサービスを迅速に提供できます。

　クラウドネイティブなアプリケーションは、マイクロサービスアーキテクチャを採用し、アプリケーションを小さな独立したサービスに分割することで、開発、デプロイ、スケーリングを容易にし、柔軟性を高めています。また、コンテナ技術を活用することで、アプリケーションとその依存関係をパッケージ化し、異なる環境間での移植性を高めています。

■ オンプレミスからクラウドネイティブへ

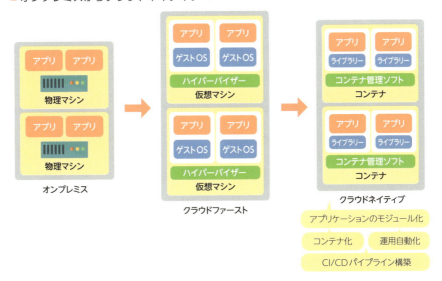

まとめ

- クラウドネイティブとは、クラウド上での運用を前提に設計、開発されたアプリケーションやサービスである
- クラウド環境を最大限に活かせるように設計されているため、需要の変化に応じてリソースを柔軟に増減できる

Chapter 4 iTインフラのクラウド化

40 マイクロサービス

クラウドネイティブのアプリケーションにてスケーラビリティ、柔軟性、自動化の要件を満たす上で、マイクロサービスアーキテクチャが重要な役割を果たします。ここでは、このマイクロサービスアーキテクチャについて解説します。

● クラウドネイティブにおけるマイクロサービスアーキテクチャの重要性

クラウドネイティブは、クラウド環境の利点を最大限に活用することを目指したアプリケーション開発・運用モデルです。クラウド上での運用には、スケーラビリティ、柔軟性、自動化といった要件を満たす必要があり、これらの要件を実現する上で重要な役割を担うのが**マイクロサービスアーキテクチャ**です。

マイクロサービスアーキテクチャとは

マイクロサービスアーキテクチャとは、従来の大規模なアプリケーションを、独立した小さなサービス群に分割し、それらを連携させて運用するアーキテクチャです。各サービスを独立して開発、デプロイ、スケーリングを行うことができるため、従来のモノリシックなアプリケーションに比べて、柔軟な開発、高いスケーラビリティ、耐障害性、チームの自律性といった利点が得られます。

マイクロサービスアーキテクチャを採用するメリット

マイクロサービスアーキテクチャを採用することで、新しい技術の導入や機能追加が容易になり、他のサービスに影響を与えることなく、迅速な開発とアップデートが可能になります。また、個々のサービスを必要に応じてスケールアウトさせることができるため、システム全体の負荷分散が容易になり、最適なパフォーマンスを実現できます。不要なサービスをスケールダウンさせることで、リソースの無駄遣いを防ぎ、コスト削減にも貢献できます。

さらに、あるサービスに障害が発生した場合でも、他のサービスに影響が及ぶことを最小限に抑えられます。個別のサービスを独立して復旧させることが

152

できるため、システム全体のダウンタイムを短縮することができます。マイクロサービスアーキテクチャでは、開発チームが個々のサービスに対して責任を持つことができます。これにより、チームの自律性を高め、開発速度を向上させることができます。

このように、マイクロサービスアーキテクチャは、クラウドネイティブなアプリケーション開発において、柔軟性、スケーラビリティ、開発効率、信頼性といったさまざまなメリットをもたらします。クラウド環境でのアプリケーション開発・運用において、マイクロサービスアーキテクチャは不可欠な要素と言えるでしょう。

■ モノリシックからマイクロサービスへ

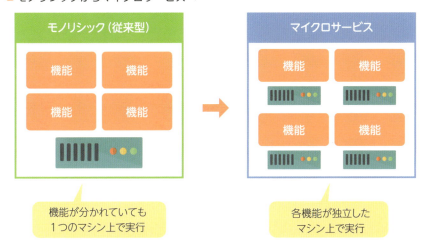

まとめ

- マイクロサービスアーキテクチャとは、大規模なアプリケーションを小さなサービス群に分割し、連携させる中で運用するアーキテクチャである
- モノリシックアーキテクチャと比べて、柔軟な開発、スケーラビリティの高さ、耐障害性、チームの自律を促せるといった利点がある

Chapter 4 ITインフラのクラウド化

41 コンテナ仮想化技術 Docker／LXD

コンテナとは、アプリケーション実行に必要なものをまとめることで、開発を効率的に進めるサポートをする仮想化技術です。ここでは、コンテナとこの技術を用いてアプリケーションを実行するためのソフトウェア、Dockerについて解説します。

● コンテナでアプリケーション実行を可能にするDocker

コンテナ型仮想化技術（「Section 30　サーバー仮想化技術」を参照）の実行環境として、最も普及しているのが **Docker** です。サーバーやパソコンにインストールできるほか、AWS、Microsoft Azure、Google Cloudといったクラウドサービスでも、Dockerを簡単に使えるサービスが提供されています。

Dockerは、コンテナ型仮想化技術を用いて、構築したアプリケーションをデプロイ（展開）・実行するためのソフトウェアです。たとえば、Webアプリケーションが組み込まれたDockerイメージをダウンロードして起動するだけで、Webサーバー環境が瞬時に立ち上がります。OSやアプリのインストールといった面倒な作業は不要です。コンテナの起動に必要なライブラリーや設定ファイルを集めたものがDockerイメージになります。たとえば、DockerでWebサーバーを起動するには、Webサーバー用のDockerイメージを用意してコンテナとして起動します。

原則的にDockerは、1つのコンテナで1つのアプリケーションだけを動かすように作られており、Webアプリケーションとデータベースのように複数のアプリケーションを稼働させる場合は、それぞれ別のコンテナで動かします。このような使い方から、Dockerは**アプリケーションコンテナ**と呼ばれます。

たとえば、Webシステムには、データベースサーバー、Webサーバー、アプリケーションサーバーといった、複数のサーバーが必要です。そして、アプリケーションコンテナのDockerでWebシステムを構築するには、サーバーと同じ数のコンテナを用意する必要があります。

■ DockerによるWebシステムの構築

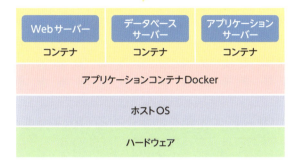

● システムコンテナ実行環境LXD

　一方、システムコンテナ（「Section 30　サーバー仮想化技術」を参照）の実行環境として広く使われているのが**LXD**です。Linuxコンテナ仮想化技術の**LXC (Linux Container)** をベースに開発されたコンテナ型仮想化環境マネージャーになります。

　LXDはシステム指向になり、スタンドアロンで動作するOSを中心としたコンテナ実行環境になります。そのため、LinuxディストリビューションのUbuntuやFedoraといったOSの実行に用いられます。システムコンテナは仮想マシンに似ていますが、オーバーヘッドが少なく管理が容易という点で優れています。

まとめ

▷ **Docker**とは、コンテナ仮想化技術の実行環境であり、構築したアプリケーションをデプロイし、実行するためのソフトウェアである

▷ **LXD**は、システムコンテナ型の仮想化環境マネージャーである

Chapter 4 ITインフラのクラウド化

42 マイクロサービス開発とDocker

複数のコンテナを展開して連携させるマイクロサービス開発では、コンテナの管理
や運用が複雑化するケースがあります。この問題を解決するのがDockerが提供する
Docker Composeです。ここでは、このツールについて紹介します。

● マイクロサービス開発を効率化するDocker Compose

マイクロサービスアーキテクチャを採用したアプリケーション開発では、複
数のコンテナを連携させてシステムを構築することが一般的です。1アプリ
ケーション1コンテナが原則のDockerでは、1つのサービスを構成するために、
複数のコンテナを用意する必要があり、その管理・運用は複雑になりがちです。
そこで活躍するのが、**Docker Compose**です。

Docker Composeは、複数のDockerコンテナを効率的に管理・運用するた
めのツールです。YAML形式の設定ファイルに、サービス、ネットワーク、ボ
リュームといったコンポーネントを記述することで、一連のコンテナを簡単に
作成、起動、管理することができます。Docker Composeを使用することで、
開発者はコンテナ間の依存関係を明確に定義し、複雑なコンテナ環境をシンプ
ルに構築できます。

Dockerは、コンテナの構築手順をDockerfileに記述することで、自動的に
Dockerイメージを構築できます。そうして作成したイメージファイルを、
Docker Hub（https://hub.docker.com）にアップロードすることで、他のユーザー
と共有できます。Docker Hubにはソフトウェアベンダーによって作成された
公式なDockerイメージもアップロードされており、数百万個を超えるDocker
イメージが登録されています。

Docker Composeは、アプリケーションの構成情報をGitHubのようなバー
ジョン管理システムに組み込むことで、チームメンバー間で簡単に共有できま
す。これにより、開発プロセスが大幅に効率化され、チーム全体での開発速度
と品質を向上します。さらに、Docker Composeは、本番環境へのデプロイが

容易なため、アプリケーションのリリースサイクルを短縮できます。開発環境と本番環境の差異を最小限に抑えることで、開発から運用までのプロセスをスムーズにし、より迅速な**イテレーション**注4.2を可能にします。

　Docker Composeを活用することで、開発チームは同一の環境で開発を進められ、設定ファイルに基づいて、コンテナの構築、起動、停止、デプロイを自動化できます。複雑なコンテナ環境をシンプルな設定ファイルで管理することで、チームメンバー間で環境設定を共有し、スムーズな連携を実現できます。

　このように、Docker Composeは、マイクロサービス開発におけるコンテナアプリケーションの効率的な開発とデプロイを強力に支援するツールです。開発チームは、Docker Composeを活用することで、開発効率と運用効率の向上、より高品質なマイクロサービスアプリケーションの構築を実現できます。

■ Docker Compose

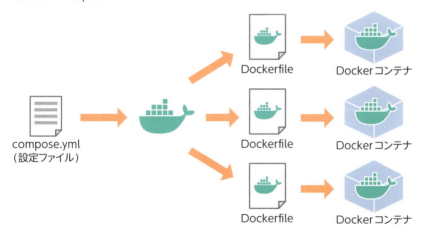

まとめ

▶ **Docker Compose**とは、複数のコンテナを管理、運用するためのツールである

注4.2　一連の工程を短期間で何度も繰り返すような開発サイクルの単位

Chapter 4 ITインフラのクラウド化

43 コンテナオーケストレーション Kubernetes／Docker Swarm

多数のコンテナを管理、運用する開発環境では、すべてのコンテナをDocker Composeではなくコンテナオーケストレーションツールの活用が推奨されます。ここでは、代表的なツールであるKubernetesを中心に解説します。

● コンテナオーケストレーションとは

　マイクロサービスアーキテクチャでは、アプリケーションを小さく独立したサービスに分割し、コンテナ化して実行します。それにより、スケーラビリティ、可用性、セキュリティを向上させます。しかし、サービスが増えるにつれてコンテナの管理、ネットワークトラフィック、ストレージ管理が複雑化するといった課題が生じます。この問題を解決するために登場したのが、**コンテナオーケストレーションツール**です。小規模な環境では、Docker Composeで十分ですが、数十以上のコンテナを管理する場合は、コンテナオーケストレーションツールが必須です。

● Kubernetes導入のメリットとデメリット

　Kubernetesは、オープンソースのコンテナオーケストレーションツールとして広く利用されています。アメリカのGoogle社で開発され、現在はCloud Native Computing Foundation（CNCF）によって管理されています。Kubernetesは、コンテナの自動デプロイや管理、スケーリングを可能にし、大規模なマイクロサービスアプリケーションの運用を効率化します。Kubernetesは、コンテナ数が膨大になり手動管理が困難な状況で真価を発揮します。数台のコンテナでは、柔軟性やポータビリティ向上といったメリットはあるものの、導入コストが大きくなります。そのため、中規模から大規模な用途で高可用性とスケーラビリティが求められる環境に適しています。

■ Kubernetes クラスター

Kubernetes クラスター

```
            Kubernetes コントロールプレーン

    ノード        ノード        ノード        ノード
   Pod          Pod          Pod          Pod
    コンテナ       コンテナ       コンテナ       コンテナ

   Pod          Pod          Pod          Pod
    コンテナ       コンテナ       コンテナ       コンテナ
```

● Kubernetes と Docker Swarm の比較

　近年、注目されているコンテナオーケストレーションツールの1つに **Docker Swarm** があります。Docker と同じアメリカの Docker 社によって開発されており、Docker のエコシステムとの親和性が高いことから、軽量コンテナオーケストレーションツールとして評価されています。インストールが簡単で操作が容易といった利点がありますが、大規模な用途では Kubernetes のほうが適しています。Kubernetes は、大規模アプリケーションの運用やクラスター機能といった拡張性に優れています。さらに、コミュニティとベンダーによって開発されている豊富なサードパーティツールを利用できます。

まとめ

▶ コンテナオーケストレーションツールとは、コンテナやネットワーク、ストレージ管理などを担うツールである

▶ コンテナオーケストレーションツールの主流は、Google 社が開発した Kubernetes であり、このツールは膨大なコンテナ数を管理するケースで真価を発揮する

4 ― IT インフラのクラウド化

Chapter 4 ITインフラのクラウド化

44 OpenStackで実現するプライベートIaaS

プライベートIaaSにより、細かなビジネスニーズに沿ったインフラ環境を構築できます。しかし、実現することは容易ではありません。ここでは、プライベートIaaSの概要とプライベートIaaS構築を支援するOpenStackについて解説します。

● プライベートIaaSとは

　IaaS基盤を自前で運用・管理することで、コスト管理の自由度が高まり、ビジネスニーズに合わせた最適化が実現できます。**プライベートIaaS**は、企業が自社のデータセンター内に構築するオンプレミス型プライベートクラウドです。カスタマイズ性の向上、セキュリティ強化、企業固有のガバナンスやコンプライアンスへの対応といったメリットを享受できます。

　EUのGDPR[注4.3]や国内のサイバーセキュリティ基本法など、法令への対応においては、パブリッククラウド事業者も努力していますが、業界独自のデータ保護法など、完全に対応しきれない場合があります。このような独自の要件に対応するには、プライベートIaaS基盤を構築し運用することが有効です。

　しかし、プライベートIaaSには、初期投資と運用コストが高いというデメリットも存在します。サーバー、ネットワーク機器、データセンター設備、電気代、空調、設備メンテナンス、セキュリティ対策、システム運用・監視など、多岐にわたる費用が発生します。さらに、システム拡張やアップグレードには新たな設備や技術導入が必要となり、追加コストが発生する可能性もあります。

● OpenStackがプライベートIaaS構築で果たす役割

　前項の課題を克服するために、**OpenStack**がプライベートIaaS構築に活用

[注4.3] GDPR（General Data Protection Regulation）は、EUにおいて2018年に施行された個人データの保護に関する規則。

160

されています。OpenStackは、オープンソースのクラウドコンピューティングプラットフォームであり、プライベートクラウドの構築、運用、管理に広く利用されています。コンピューティング、ストレージ、ネットワーキングなど、クラウドサービスに必要な機能を提供し、柔軟性と拡張性にも優れています。

OpenStackを利用することで、企業は独自のIaaS基盤を構築し、自由にカスタマイズして運用できます。活発な開発コミュニティと多くの企業によるサポートにより、OpenStackは今後も進化を続け、プライベートIaaSの構築をより容易にすることが期待されます。

■ OpenStackのコンポーネント（OpenStack Platformアーキテクチャガイドをもとに作成）

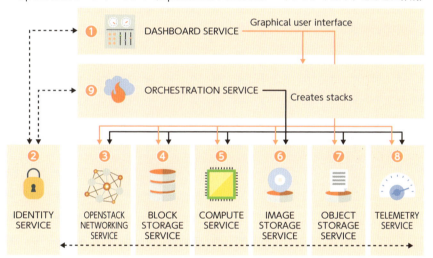

©2015 Red Hat, Inc. (CC-BY-SA 3.0)

出典：https://access.redhat.com/documentation/ja-jp/red_hat_openstack_platform/8/html/architecture_guide/
https://creativecommons.org/licenses/by-sa/3.0/

まとめ

▶ プライベートIaaSの活用で、カスタマイズ性の向上からセキュリティ強化などを実現できる

Chapter 4 ITインフラのクラウド化

45 主なパブリッククラウド

パブリッククラウドは、多数存在しています。その中で、3大クラウドサービスとされているのが、AWS、Google Cloud、Microsoft Azureです。ここでは、この3つのクラウドサービスの特徴を紹介します。

● AWS

AWS（Amazon Web Services）は、アメリカのAmazon Web Services社が提供するクラウドコンピューティングサービスです。サーバー、ストレージ、ネットワークといったインフラを仮想化された形で提供するIaaSを中核としたサービスになります。AWSは、IaaSに加えて、アプリケーション開発を支援するPaaSや、ソフトウェアをインターネット経由で提供するSaaSなど、さまざまなクラウドサービスを包括的に提供しています。

AWSは、Microsoft Azure、Google Cloudとともに、IaaS市場を牽引する主要なサービスです。AWSは、いち早くサービスを開始したことで、国内でも多くのユーザーを獲得し、高い市場シェアを誇ります。AWSは、その歴史の長さから、豊富なサービスと機能を備えています。世界中にデータセンターを持つグローバルなリージョン展開により、高い信頼性と可用性を提供しています。

AWSの強みは、その多様なサービスと機能にあります。サーバー、ストレージ、ネットワークなど、幅広いインフラを提供し、企業のさまざまなニーズに対応できます。また、長年の実績と大規模なインフラにより、安定したサービスを提供し続けています。さらに、活発なコミュニティと充実したドキュメントにより、初心者から上級者まで、多くのユーザーがAWSをスムーズに利用できます。

一方で、AWSの価格設定は、他のプラットフォームに比べて高価な場合があり、コスト面で課題となる可能性があります。また、サービスの多さや複雑さから、初心者にとっては学習のハードルが高いと感じられる場合があります。

このように、AWSは、豊富な機能と実績を誇る一方で、価格や学習コストといった課題も存在します。企業は、自社のニーズと課題を考慮し、AWSの利点を最大限に活用できるよう、適切な導入と運用を行う必要があります。

　AWSを使い始めるには、まずAWSアカウントを登録する必要があります。アカウント登録が完了すると、**AWSマネジメントコンソール**を利用できるようになります。このコンソールは、Webブラウザー上で動作するツールで、AWSのさまざまなサービスやリソースを管理できます。2024年9月現在、「AWS無料利用枠[注4.4]」が提供されており、利用できる機能は制限されますが、最大12ヶ月間の無料利用が可能です。

　AWSは、その豊富なサービス、グローバルなインフラ、そして高いセキュリティレベルによって、さまざまな規模の企業や個人にとって魅力的な選択肢となっています。

■ AWSのWebインターフェース「AWSマネジメントコンソール」

注4.4　AWSの無料利用枠については、「https://aws.amazon.com/jp/free/」を参考にしてください。

● Google Cloud

アメリカのGoogle社が提供するクラウドサービス、**Google Cloud**は、100種類を超えるサービスを擁する、進化し続けるクラウドプラットフォームです。Google Cloudの最大の特徴は、AIや機械学習といった最先端技術に特化したサービスをいち早く提供している点にあります。AI以外にも、Kubernetesやサーバーレスコンピューティングなど、最新のテクノロジーへの対応が非常に早く、最新技術を活用したいユーザーにとって最適な選択肢と言えるでしょう。AWSに比べると国内シェアは低いですが、GoogleのGmailやYouTubeなどのサービスで培われた実績のあるインフラを活用しており、高い信頼性を誇ります。

Google Cloudでサーバーを構築するには、**Google Compute Engine（GCE）**を利用します。GCEは、仮想マシンや仮想ネットワークなどのインフラを構築できるIaaSで、Web UIやコマンドラインツール、APIなどを通じて、クラウド上のコンピューターリソースを柔軟に操作できます。

料金は従量制で、ネットワークトラフィックやコンピューターリソースの使用量に応じて課金されます。設備や装置の導入・管理が不要なため、初期コストや運用コストを抑え、大規模なインフラから個人のサーバーまで幅広いニーズに対応可能です。2024年9月現在、Google Cloudでは、新規ユーザー向けに「Google Cloud Free Tier[注4.5]」が提供されています。Free Tier では、さまざまなサービスを12ヶ月間無料で利用できます。ただし、各サービスには利用できるリソースや期間に制限があります。

Google Cloudのサービスやリソースの管理には、Web UIのGoogle Cloudコンソールを使用します。Googleアカウントを登録することで利用できます。すでにAndroidスマートフォンやGmailに使用しているアカウントがあれば、そのまま使用できます。

注4.5　Google Cloudの無料枠については「https://cloud.google.com/free/」を参考にしてください。

■ Google CloudのWebインターフェース「Google Cloud Console」

Microsoft Azure

Microsoft Azureは、アメリカのMicrosoft社が提供するクラウドコンピューティングサービスです。Microsoft製品との高い親和性、充実したセキュリティ機能、ハイブリッドクラウド環境への対応力など、企業向けに特化した機能を強みとしています。

Azureは、IaaS、PaaS、SaaSといった、さまざまなタイプのクラウドサービスを提供しています。Azureの大きな特徴は、Microsoft製品とのシームレスな連携にあります。Windows Server、Office 365、Active DirectoryなどのMicrosoft製品をAzure上で容易に利用できるため、既存のシステムとの統合がスムーズに行えます。また、Azureは、企業向けのセキュリティ機能を充実させており、セキュリティ対策の専門知識がなくても、安心してクラウド環境を利用できます。さらに、オンプレミス環境とAzure環境を統合したハイブリッドクラウド環境を構築することが容易なため、既存のインフラを活用しながら、クラウドのメリットを享受できます。

Azureは、企業向けに特化した機能以外にも、開発者向けの機能も充実しています。Azure DevOpsなどの開発ツールや、GitHubとの連携により、開発プロセスを効率化することができます。また、AIや機械学習など、最新の技術にも対応しており、企業のデジタル変革を支援するサービスを提供しています。

Azureの料金体系は、従量制課金が基本ですが、サービスや利用方法によって、さまざまな料金プランが用意されています。そのためユーザーは、利用状況に合わせた最適なプランを選択できます。また、Azureでは、無料試用期間[注4.6]が設けられており、実際にAzureを体験することができます。

　Azureは、企業向けセキュリティ、ハイブリッドクラウド環境への対応力、Microsoft製品との高い親和性など、多くの利点を持ち合わせていますが、AWSやGoogle Cloudと比較すると、サービス数はまだ少なく、コミュニティ規模も小さい点が課題となっています。

■ Microsoft AzureのWebインターフェース「Azure portal」

> **まとめ**
>
> ▶ AWSは、Amazon Web Services社が提供するクラウドサービス。国内でも多くのユーザを獲得し、高い市場シェアを誇る
>
> ▶ Google Cloudは、Goole社が提供するクラウドサービス。先端技術に特化したサービスをいち早く提供してきた点に特徴がある
>
> ▶ Microsoft Azureは、Microsoft社が提供するクラウドサービス。Microsoft製品と高い親和性を持つ点に特徴がある

注4.6　Microsoft Azureの無料枠については「https://azure.microsoft.com/ja-jp/free/」を参考にしてください。

5章

Webシステムの基礎知識

本章では、ITインフラを支えるWebシステムについて解説していきます。最初にWebシステムの用途やシステムを構成する技術要素を解説します。次に、Webシステムを利用する際に実施される通信規格について説明します。これらの解説を踏まえて、最後にWebシステムを高速化するための方法やその方法を実現するための技術を紹介します。

Chapter 5　Webシステムの基礎知識

46　ITインフラを支える Webシステム

Webシステムは、WebサーバーやWebブラウザーを使って実現される情報システムです。日常のあらゆるところで使われ、インフラと化したWebシステム。Webシステムを実現するための方法や、技術要素について解説します。

◎ Webシステムの用途

　Webシステムはさまざまな用途に使われています。インターネットに接続したPCやスマートフォンでWebブラウザーを起動し、Webサイトのアドレスである **URL** を指定するだけでWebシステムを利用できます。Webブラウザーは、どのPCやスマートフォンにも標準でインストールされており、動画投稿サイトで動画を視聴したり、オンラインショップで商品を販売したりと、Webシステムは生活からビジネスまで広範囲にわたって利用されています。

　ユーザーは、WebサーバーとWebブラウザー間での通信について、Webコンテンツの生成方法、大量のアクセスを処理する方法といった、Webシステムの仕組みを知らなくても、簡単にWebサーバー上のコンテンツを閲覧することができます。こうしたシンプルさから、今ではほとんどのインターネットシステムがWebシステムを活用しています。

■ WebブラウザーでWebサーバーのコンテンツを閲覧できるまでの過程

○ Webシステムの利用方法

　WebサーバーやWebブラウザーを使って実現されるITシステムがWebシステムです。Webシステムを実現するのに、さまざまなWeb技術が利用されます。Web技術の対象は広範囲にわたり、コンピューターとネットワークおよびそれを制御するソフトウェアやプロトコルまで含みます。利用者であるユーザーは、Webブラウザーを介してWebサーバーにリクエストを送信し、Webサーバーはリクエストに応じてデータを読み出し処理します。処理されたデータはWebブラウザーに返され、Webブラウザーは受信したデータを解析してWebブラウザーに表示します。もし、データを表示するために、関連する他のデータが必要だと判断されれば、Webサーバーに再度リクエストが送信され、関連するデータが取得されます。

■ 再度リクエストを送信し関連するデータを取得

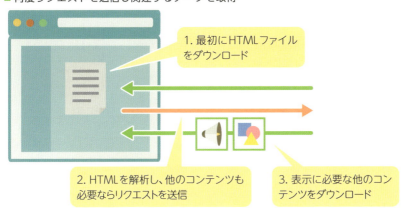

　従来のWebシステムとは異なり、利用者がWebブラウザーを使用してサービスを利用する方法以外にも、**API**（Application Programming Interface）と呼ばれる手法が広く活用されています。ユーザーインターフェースは、「人間」が操作するためのインターフェースなのに対して、APIは「プログラム」のためのインターフェースです。たとえば、ソーシャルゲームやスマートフォンのアプリケーションに利用されています。通常、Webブラウザーを使用してWebサイトを閲覧すると、テキストファイルや画像ファイルがWebサーバーから送信され、ブラウザー上に表示されます。一方、APIではプログラムに処理しや

すい形式のデータ、たとえば **XML** や **JSON** が使用されます。これらのデータ形式は、構造化された情報を提供し、プログラムが情報を解析し、必要な処理を行うのに適しています。

■ ユーザーインターフェースとしてWebブラウザーを使ったWebシステムと、APIを使ったWebシステム

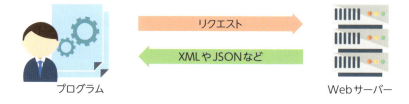

まとめ

- Webシステムは日々の生活からビジネスまで広範囲にわたり利用されている
- WebサーバーやWebブラウザーを使って実現されるシステムが、Webシステムである
- APIはプログラムのためのインターフェースである

Chapter 5 Webシステムの基礎知識

47 Webシステムの構成

Webシステムは広範囲の技術で成り立っており、コンピューターとネットワークおよびそれを制御するソフトウェアやプロトコルまで含まれます。ここでは、Webシステムの構成要素について解説します。

● Webシステムに必要なハードウェア

Webシステムの利用に不可欠なのが、Webブラウザーがインストールされたパソコンやスマートフォンです。Webブラウザーを使用して、WebページやWebアプリケーションにアクセスし、サービスやコンテンツを利用することが一般的です。個人で利用されるパソコンやスマートフォンに加え、業務用の専用端末や情報パッドも利用されています。

ITシステムの多くがクライアント／サーバー方式のアプリケーションを採用しており、Webシステムにおいてもサーバーアプリケーションを動作させるためにサーバーが必要になります。サーバーもパソコンと同じようなパーツで構成されていますが、24時間365日稼働できるように、同じパーツを2個以上搭載して冗長化されていたり、高速に処理できるように、パソコンに比べてハイスペックなパーツが使用されていたりします。サーバーアプリケーションを動作させる以外に、データベースを管理するためのサーバーや、ユーザーを認証するためのサーバーといった、さまざまなサーバーが用途に応じて使用されています。近年は、クラウドサービス上の仮想サーバーを使用するケースが増えています。

171

■ Webシステムに必要なハードウェア

データの保存と保護を担うストレージ

　Webシステムには、データを保存するための装置として**ストレージ**が必要になります。ハードディスクドライブ（HDD）やソリッドステートドライブ（SSD）といったパソコンにも使用されるものと同じようなパーツが使用されますが、データが消失しないように複数のHDDやSSDを組み合わせて、1台の強大な記憶装置として使用したり、24時間365日の連続稼働に耐えられるような装置が使用されています。

　ストレージ上のデータは、災害や事故などで損失しないよう**バックアップシステム**を用いてバックアップします。バックアップから元のデータを復元することで、ビジネス継続性やデータの完全性を確保します。バックアップは通常、定期的に実施され、異なる場所に保管されることが一般的です。そして、保管されるデータには、重要性に応じて策定された**バックアップポリシー**が適用されます。たとえば、機密性の高いデータや大規模なデータセットに対しては、厳格なバックアップポリシーが適用されます。

データ転送と通信の安定性を支えるネットワーク機器

　パソコン、サーバー、ストレージ、バックアップシステムなどを相互に接続したり、通信を制御したりするのに必要になるのが**ネットワーク機器**です。イ

ンターネット回線や、携帯電話回線のように、外部のシステムとアクセスし、データの効率的な転送や通信の安定性を確保するために用います。ルーターは異なるネットワークを接続してデータを送受信します。スイッチ は複数のデバイスを効率的に接続して通信を制御します。ファイアウォールは不正アクセスや悪意のある攻撃からネットワークを保護し、セキュリティを強化します。

◯ Webシステムに必要なソフトウェア

　Webシステムを構成する主なソフトウェアには**OS**と**ミドルウェア**が挙げられます。OSはコンピューターを動作させるための基本となるソフトウェアです。CPUやメモリといったハードウェアリソースとの調整や、画面出力デバイスや通信デバイスといった各デバイス間の制御管理を行うシステム・ソフトウェアになります。代表的なOSに、パソコンに使用されるWindowsやmacOS、サーバーに使用されるLinuxやWindows Serverといったものがあります。

■ Webシステムに必要なソフトウェア

OSとアプリケーションの橋渡しを担うミドルウェア

　ミドルウェアは、OSとアプリケーションとを介在するソフトウェアになります（詳しくは3章を参考）。Webシステムで使用されるミドルウェアには、Webサーバーソフトウェア、データベース管理システム、アプリケーションサーバーといったものがあります。Webサーバーは、クライアントからのリクエストを受け取り、レスポンスを生成して送信する役割を担います。代表的なWebサーバーソフトウェアには、Apache HTTP Server、Nginx、Microsoft IISがあります（Webサーバーは次ページで解説します）。

データベース管理システム

　Webシステムでは、Webコンテンツやセッション情報といったデータを効率的に管理する必要があります。また、Webシステムが停止してもデータを保存し、後で使えるようにするには、**データの永続化**が不可欠です。データの保存には、HDDやSSDといったストレージシステムのほか、**データベース管理システム（DBMS）**が利用されます。DBMSは、膨大なデータを整理し、検索、更新、削除などの操作を効率的に行うことができるため、Webシステムにおいて不可欠な要素となっています。DBMSにより、WebアプリケーションやWebサイトは迅速で信頼性の高いサービスを提供することが可能となります。WebシステムでしようされるDBMSには、MySQL、PostgreSQL、Microsoft SQL Server、MongoDBがあります。

アプリケーションサーバー

　アプリケーションサーバーは、Webシステムの開発において極めて重要なミドルウェアになります。クライアントからのリクエストに応じて動的にWebコンテンツを生成できるように、Webアプリケーションの実行環境を構築して、効率的な運用を可能にするために不可欠な機能を提供します。数々のアプリケーションサーバーソフトウェアが存在し、その中でも代表的なものにはApache Tomcat、Node.jsが挙げられます。また、アプリケーションサーバーは、セキュリティや拡張性の確保などの役割も担っています。

　これらのミドルウェアが連携して、安定した動作と迅速な開発が可能なWebシステムが構築されます。技術の進化に伴い、新たなミドルウェアが次々

と登場しています。そのため、Webシステムの開発においては、適切なミドルウェアの組み合わせが重要になります。

● Webサーバー

Webサーバーには、ミドルウェアとしてWebサーバーソフトウェアがインストールされておりバックグラウンドプロセスとして動作しています。リクエストを送信してきたWebブラウザーに対して、ネットワーク経由でHTML／CSS／画像といったWebページの表示に必要なコンテンツを送信するのがWebサーバーの主な役割になります。

Webサーバーと、Webブラウザーのようなクライアントとの間で、事前にどんなルールでデータを送受信するかは、プロトコルと呼ばれる通信規約により定められています。Webサーバーとクライアント間のデータ送受信には、HTTP／HTTPSといったプロトコルを用います。プロトコルはIETFと呼ばれる国際的な標準化団体によって定められています。そのため、どんなWebブラウザーからでも世界中のWebサーバーにアクセスしてWebコンテンツをダウンロードすることができます。

サーバーは、より多くのリクエストを高速に処理できるよう、パソコンに比べてハイスペックなパーツを使用します。また24時間365日稼働できるようにパーツを冗長化して耐障害性を高めています。近年はクラウドサービス上の仮想サーバーを使用するケースが増えており、サーバーインフラの選択肢が広がっています。なお、Webサーバーソフトウェアをサーバーと呼ぶ場合もあります。

■ Webサーバーの役割

初期のWebシステムでは、URLによって指定されたコンテンツをストレージから読み出し、Webブラウザーに送信するだけでしたが、1993年にNCSA（米国立スーパーコンピューター応用研究所：National Center for Supercomputing Applications）により開発されたNCSA HTTPdにより、単に用意されたコンテンツをクライアントへ送るだけではなく、リクエストに応じてコンテンツを動的に生成できるようになりました。

　NCSA HTTPdには、重要な2つの機能が実装されました。1つは外部のプログラムを実行して出力結果をクライアントへ送るCGI（Common Gateway Interface）。もう1つは、HTML上に決められたフォーマットで記述したコメントをもとにサーバーが外部コマンドを実行してその結果を動的に埋め込むSSI（Server Side Include）です。

　こうした動的にコンテンツを作成する機能は発展を続け、動的コンテンツに最適化されたWebサーバーは、Webアプリケーションサーバーと呼ばれるようになりました。さらに、Webアプリケーションサーバーのバックエンドには、データを効率よく管理するためのデータベースサーバーを設置し、Webコンテンツの表示に必要なデータをデータベースで管理するようになっています。

まとめ

- **Webシステムには、サーバーやストレージなどのハードウェアが必要である**
- **Webシステムを構成するソフトウェアには、OSとミドルウェアが存在する**
- **Webページの表示に必要なコンテンツを送信するのがWebサーバーの役割**

Chapter 5 Webシステムの基礎知識

48 Webシステムのプロトコル「HTTP」

インターネットを介した通信を行う上で、送信側と受信側で通信方式を取り決めて
おかなければなりません。この取り決めをプロトコルと言います。ここでは、Web
システムと関わりが深いプロトコルとその仕組みについて解説していきます。

● Webシステムに使用されるプロトコル

　インターネットでコンピューターやネットワーク機器が通信を行うには、送
信側と受信側で通信方式を取り決めておく必要があります。このように取り決
められた規格を**プロトコル**（通信規約）と言います。通信に使用されるプロト
コルは階層的な構造（プロトコルスタック）を持っており、各階層の役割に応
じて異なるプロトコルが用意されています（第2章、第3章を参照）。

　インターネットを利用する際には、アプリケーションプロトコル、トランス
ポートプロトコル、ネットワークプロトコル、データリンクプロトコルといっ
た複数の層のプロトコルを組み合わせて使用します。この階層構造により、各
層が独立して機能しつつ、全体として効率的な通信を実現しています。

　Webシステムの場合、アプリケーションプロトコルとして**HTTP**（Hypertext
Transfer Protocol）や、より安全な通信を行うための**HTTPS**（Hypertext
Transfer Protocol Secure）を使用します。トランスポートプロトコルには主に
TCPを使用しますが、近年では高速化のためにUDPをベースとした**QUIC**（Quick
UDP Internet Connections）も採用されつつあります。

　このセクションでは、WebサーバーとWebブラウザーがデータをやり取り
するためのプロトコルであるHTTPについて解説します。HTTPSについては、
次のセクションで解説します。

177

■ Webシステムに使用されるプロトコルと役割

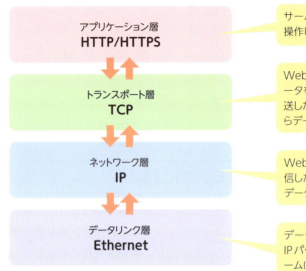

　普段Webページを見ている時に、WebブラウザーとWebサーバー間で、どんなプロトコルが使われているかを意識する必要はありませんが、Webシステムを設計したり構築したりする時は、プロトコルの知識が必要不可欠です。

◯ アプリケーションプロトコル「HTTP」

　Webページを表示する際、クライアントのWebブラウザーがWebサーバーに**リクエスト（要求）**を送信し、それに対してWebサーバーは**レスポンス（応答）**を返します。まず、クライアントとWebサーバーの間でトランスポートプロトコルによる通信が確立されます。最も一般的に使用されるトランスポートプロトコルはTCPです。TCPは信頼性の高い通信を提供し、データの到達確認や順序保証、エラー検出などの機能を持っています。TCPの上で動作するのが、アプリケーションプロトコルのHTTPです。HTTPは、WebブラウザーとWebサーバー間でのデータのやり取りを規定しています。

　HTTPには複数のバージョンが存在し、2024年現在では主にHTTP/1.1、HTTP/2、HTTP3が使用されています。

■アプリケーションプロトコルのHTTP

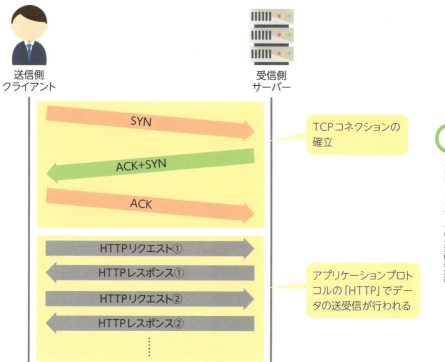

HTTP/0.9

　最も古いバージョンであるHTTP/0.9では、Webサーバーから欲しいWebリソースを指定して取得する手順だけが規定され、受信可能なWebリソースもHTMLファイルに限定されていました。そのため、画像や音声などのWebリソースには対応しておらず、極めてシンプルなプロトコルとなっています。

HTTP/1.0

　HTTP/1.0では、クライアントからWebサーバーに送られるリクエストと、それに対してWebサーバーからクライアントに返されるレスポンス、追加情報のための**HTTPヘッダー**といった機能が追加されました。HTTPヘッダーにより、HTMLファイル以外の、画像や音声といったWebリソースを転送できるようになるなど、Webシステムが広く普及するきっかけとなりました。また、

ステータスコード（P.189を参照）によりリクエストの成否をWebブラウザー側で判別できるようになったり、リクエストできるメソッドの数が増えたりと、多くの機能が追加されました。

HTTP/1.1

HTTP/1.1では主にパフォーマンスの改善が行われ、Keep-Alive（キープアライブ）、パイプライン、プロキシ、仮想ホストといった機能が追加されました。これにより、複数のWebリソースを効率良く転送できるようになりました。Keep-Aliveは、Webサーバーとクライアントで接続（コネクション）を確立する際に、前に使用したコネクションを維持し再利用するための機能です。Keep-Aliveにより、TCP/IPの3-wayハンドシェイクのような複雑な処理を省略できるため、データ通信時間を短縮し、Webサーバーの負担が軽減されます。パイプラインは最初のリクエストに対するレスポンスの完了前に、次のリクエストを送信する機能になります。キャッシュを制御する技術も実装されており、1度閲覧したWebページの履歴やデータをクライアント側で保存し利用できるようになっています。プロキシにより、キャッシュデータを中継サーバーに保存して、複数のクライアントで共有することを可能にしています。

HTTP/2

HTTP/1.1が登場して以来、通信環境は大きく変化しました。かつてのナローバンドやダイヤルアップ接続から、現在ではブロードバンド技術が主流となり、光回線などを利用して大容量のデータを迅速に送受信できるようになりました。しかしながら、新たな課題も浮上しており、モバイル通信環境ではデータ転送が途中で途切れたり、不安定になることがあり、多様な通信環境への対応がますます重要性を増しています。同時に、Webサイトがより豊かなコンテンツを扱うようになり、大容量のデータを素早く転送できる能力が求められています。そのためHTTP/2は、通信環境の影響を受けずにパフォーマンスを向上させるだけでなく、ネットワーク資源をより効率的に活用することが可能となっています。これにより、WebサイトやWebアプリケーションの応答性が向上し、ユーザーエクスペリエンスが向上します。また、HTTP/2はセキュリティ要件にも十分に対応しており、高速かつ安全な通信環境を構築するのに

重要な役割を果たしています。

　HTTP/2は、米Google社のSPDYやマイクロソフト社のHTTP Speed+Mobility、Network-Friendly HTTP Upgradeといった規格をベースに、後方互換性／接続の多重化／フロー制御／ヘッダー圧縮／サーバープッシュなどの機能が追加されています。

■ HTTP/2ではHTTPリクエストとHTTPレスポンスの多重化が可能

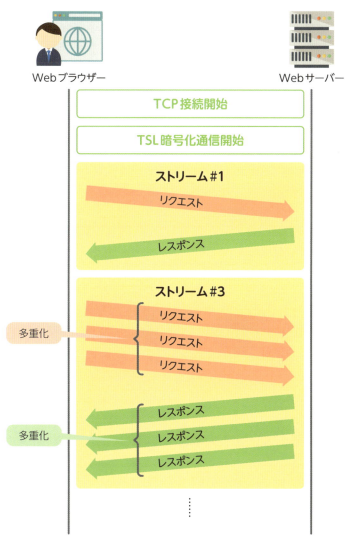

HTTP/1.1は主にテキストベースのプロトコルであり、半角英字（a〜z、A〜Z）、アラビア数字（0〜9）、記号、空白文字などのASCII文字を使用して、テキスト形式のメッセージをやり取りします。一方、HTTP/2はバイナリベース のプロトコルになり、コンピューター処理に最適化されたバイナリメッセージである**フレーム**を使用して通信を行います。

　WebアクセスをセキュアSave化するには、後述するHTTPSによりSSL/TLS暗号化通信をおこなう必要があります。なお、HTTP/2では、TLS暗号化通信が必須化されています。さらに、HTTP/2で使用するTLS暗号化通信にも、セキュリティ上の問題を回避するため、TLS 1.2以上を使用する必要があります（2024年1月現在）。それより古いバージョンのTLSには、脆弱性が見つかっているため、使用が制限されています。

■ HTTP/2ではTLS暗号化通信が必須

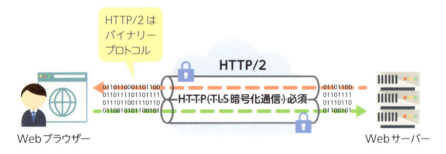

HTTP/3

　最新は**HTTP/3**になります。「HTTP-over-QUIC」として標準化が進められていたものをベースに、機能が追加され、HTTP/3としてリリースされました。HTTP/1.1やHTTP/2が、トランスポートプロトコルにTCPを使用するのに対して、HTTP/3は、QUICと呼ばれるUDPベースの伝送制御プロトコル上でHTTP通信を行います。TCPは、UDPに比べて信頼性の高い通信を実現していますが、一方で、コネクションの確立手順や再送制御処理にオーバーヘッドが発生するため、UDPに比べて低速になります。HTTP/3では、QUICを用いることで、より高効率な通信が可能となっています。

■ HTTP/2とHTTP/3のプロトコルスタックを比較

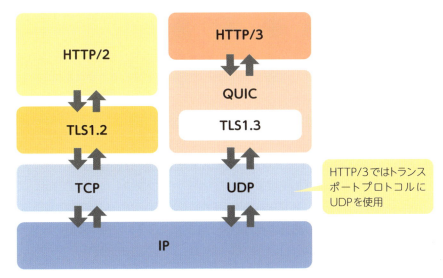

HTTP/3ではトランスポートプロトコルにUDPを使用

　単なるUDPはTCPに比べて通信の信頼性が劣るため、信頼性を保証する仕組みがQUICにより補われています。QUICは、米Google社が提案した仕様がベースになっています。高速で効率的といった特徴があり、暗号化通信プロトコルの「TLS 1.3」を利用して、すべての通信を暗号化します。TLS1.3は少ないハンドシェイクで通信を確立するため、通信処理にかかるオーバーヘッドを削減できます。

　2024年1月現在、主要なWebブラウザーはHTTP/3への対応を完了していますが、Webサーバーやネットワーク機器によっては、対応されていないものがあります。

HTTPの特長

　HTTPはバージョンアップを重ねるたびに多様な機能が追加されています。Webシステムを理解するには、HTTPの基本的な概念である、ステートレス／URL／HTTPメソッド／HTTPリクエスト／HTTPレスポンス／HTTPメッセージ／HTTPステータスコードについて学ぶ必要があります。

ステートレス性

　HTTPでは、クライアントからのリクエストをWebサーバーが処理すると、いったん接続を解除します。HTTPは、接続を継続せず、リクエストごとに接続を確立するため、**ステートレス**と呼ばれるプロトコルに分類されます。ステートレスとは、「状態を維持しない」という意味になり、各HTTPリクエスト／レスポンスは、その前後に行われるHTTP接続のステートを管理したり維持したりしません。

　HTTPのように状態を管理しないプロトコルを**ステートレスプロトコル**と呼び、状態を管理・維持できるプロトコルを**ステートフルプロトコル**と呼びます。たとえば、ファイル転送に使用するアプリケーションプロトコルのFTPは、ステートフルプロトコルに分類されます。FTPでは、ユーザーが意図的に切断処理をしない限り、接続が維持されたままとなります。そのため、前回の操作が何であったかや、どのファイルをダウンロードしたかなどの情報やステートは、FTP接続が解除されるまで維持されます。

　ステートが維持されると、最初にリクエストを送ったサーバーとの接続状態が維持されたままになるため、他のサーバーに処理を分散させることが難しくなります。HTTPのようなステートレスプロトコルなら、すぐに他のWebサーバーに切り替え、処理を分散させることができるため、大規模化を容易に実現します。

■ HTTPのステートレス性

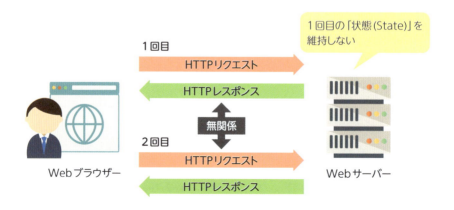

HTTPはステートを維持しないのに、会員サイトでログイン状態が維持されたり、オンラインショッピングサイトではカートに入れた商品が保存されたりします。これはCookie（クッキー）やセッションなどの仕組みを活用して、クライアントとサーバー間で状態を管理することで実現しています。ユーザーが認証情報を提供すると、サーバーはその情報を用いてセッションを確立し、その後のリクエストにおいてもセッション識別子を介してユーザーの状態を把握します。これにより、ユーザーはログイン状態やショッピングカートの中身を維持しながらサイトを閲覧できます。アプリケーションやサービスの実装によってステートが維持されることがありますが、これはHTTPのオプション機能になり、プロトコル自体がステートレスであるという基本的な性質は変わりません。

URL (Uniform Resouce Locator)

WebブラウザーでWebページにアクセスする際は、URL（Uniform Resouce Locator）をアドレス欄に入力します。たとえば、「https://www.example.jp/index.html」といった形式になります。URLは、どのような手順（プロトコル）で、どのWebサーバーにアクセスし、どのようなコンテンツを取得するかを示しています。URLは、Webサイトだけでなく、ファイルダウンロードサービスのFTPや、セキュアログインサービスのSSHなど、さまざまなサービスで利用されるため、ネットワーク上の情報を取得するのに欠かせません。Webページを指定するためのURLは、以下のような構成になっています。

■ Webページへのアクセスに使用する「URL」の構成

https:
どういった手順（プロトコル）
→「HTTPS」プロトコルを使ってアクセス

//www.gihyo.co.jp
Webサーバーの特定
→ドメイン名が「www.gihyo.co.jp」のWebサーバー

/index.html
コンテンツの情報
→ コンテンツ名「index.html」

URLが「https://www.gihyo.jp/index.html」の場合、Webページにアクセスする手順は「HTTPS」プロトコルになります。続く「www.gihyo.jp」はWebサーバーの識別になります。サーバーの指定には、ドメイン名またはIPアドレスを使用します。また、ドメイン名やIPアドレスの後には、ポート番号の「:80」や「:443」などを指定する場合もあります。通常、HTTPプロトコルではポート80番、HTTPSプロトコルではポート443番がデフォルトで使われるため、これらのデフォルトポート番号は省略されます。デフォルト以外のポート番号を使用する場合にのみ、明示的に指定します。取得するコンテンツは「/index.html」で示され、Webサーバーは**/（ルート）**と呼ばれる場所にある「index.html」ファイルを送信します。

HTTPメソッド

HTTPメソッドは、Webサーバー上のHTMLファイルや画像ファイルなどのWebリソースに対する処理方法を指定します。たとえば、Webリソースの取得を要求する場合には、「GET」メソッドを使用します。HTTP/1.1では、以下のような8つのメソッドが定義されています。

通常のWebアクセスでは、「GET」「HEAD」「POST」が一般的に使われます。これは、Webサーバーがコンテンツの改ざんを防ぐために、他のメソッドを使用できないようにしているからです。もし「PUT」や「DELETE」といったメソッドがWebアクセスで使えるようになると、コンテンツが書き換えられたり削除されたりする可能性があり、セキュリティ上の危険が生じます。

■ HTTP/1.1で使用可能なHTTPメソッド

メソッド	内容
GET	クライアントが指定したURLのWebリソースを取得
POST	GETとは反対にクライアントからサーバーにデータを送信
PUT	指定したURLにWebリソースを保存、更新
HEAD	ヘッダー情報のみ取得
OPTIONS	利用可能なメソッドなどのサーバー情報を取得
DELETE	指定したWebリソースの削除
TRACE	リクエストのループバックでサーバーまでのネットワーク経路をチェック
CONNECT	プロキシへのトンネル要求

HTTPリクエスト／HTTPレスポンス

　クライアントからWebサーバーへの通信は、**HTTPリクエスト**を介して行われます。クライアントはWebサーバーとの接続を確立した後、リクエストを送信します。Webサーバーはリクエストを受け取ると、応答として**HTTPレスポンス**を返します。このレスポンスには、HTMLテキストや画像データといったWebリソースが含まれます。このプロセスを簡略化してリクエスト／レスポンスと呼ぶこともあります。

■ Webサーバーとクライアントとの処理に用いるHTTPリクエスト／HTTPレスポンス

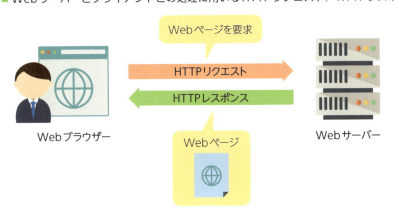

HTTP通信はクライアントから始まります。1つのリクエストで1つのWebリソースしか取得できないため、クライアントが2つのWebリソースをダウンロードする場合は、2回リクエストを送信する必要があります。また、リクエストとレスポンスは対になっており、リクエストだけやレスポンスだけというものは発生しません。

HTTPメッセージ

　リクエストやレスポンスには、**HTTPメッセージ**と呼ばれる形式のメッセージを使用します。リクエストにはリクエストメッセージを、レスポンスにはレスポンスメッセージを使用します。レスポンスメッセージには、ホームページの表示に必要なHTMLテキストや画像などのWebリソースが埋め込まれます。

　レスポンスメッセージは、1行目が**ステータスライン**、2行目から空行までがヘッダー、空行の次から末尾までがボディになります。レスポンスメッセージには、ホームページの表示に必要なHTMLテキストや画像などのWebリソースと一緒に、リクエスト処理の結果が含まれます。Webリソースの転送が成功したかどうかだけでなく、失敗した場合には失敗の原因がクライアントに通知されます。

■ Webサーバーとクライアントとで交換されるHTTPメッセージの構造

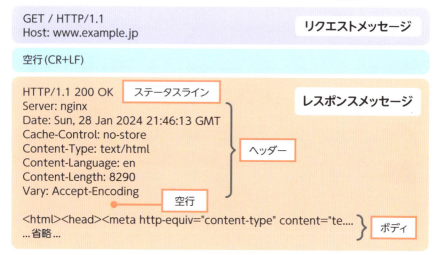

HTTPステータスコード

レスポンスメッセージの1行目にあたるステータスラインには、次図のような書式が用いられます。

■ ステータスラインの書式

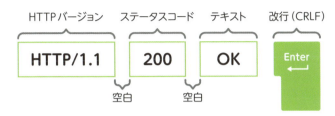

ステータスラインの先頭にはHTTPバージョンがあり、その後ろに**ステータスコード**が続きます。ステータスコードは100番台から500番台までの値を取り、ステータスコードを見ればリクエストに成功したのか、失敗したのか把握できます。また、失敗した場合に何が原因だったのかなども知ることができます。ステータスコードは3桁の整数値が用いられており、クライアントはステータスコードを見て、次に何をするのか判断します。たとえば、ステータスコード「404」を受け取った場合、指定されたWebページが存在していないことがわかります。これを受けて、Webブラウザー上に「ページが見つかりません」と表示します。

■ ステータスコードとして「404」を受け取った際のWebブラウザーの表示

ステータスコードには、一般的に次表のようなルールがありますが、これらは厳密には定義されていません。一般的な慣習に従ってリクエストやレスポンスの処理状況をクライアントに伝えるために使用されます。

■ステータスコード

コード	概要	説明
100番台	情報 (Informational)	リクエストが受け取られ処理が継続
200番台	成功 (Success)	リクエストの処理に成功
300番台	リダイレクト (Redirection)	追加の操作が必要。リクエストを完遂するには、さらに新たな動作が必要
400番台	クライアントエラー (Client Error)	リクエストの内容に問題があるためリクエスト処理に失敗
500番台	サーバーエラー (Server Error)	リクエスト処理中にサーバーエラーが発生

ステータスラインの末尾にはステータスコードの簡潔な説明がテキストとして挿入されます。

まとめ

- プロトコルのHTTPが、WebブラウザーとWebサーバー間のデータのやり取りを規定している
- HTTPの特徴は、クライアントのリクエスト処理が完了すると接続を解除するステートレス性である
- HTTPのリクエストやレスポンスには、HTTPメッセージと呼ばれる形式のメッセージを利用する

Chapter 5 Webシステムの基礎知識

49 Webアクセスを
セキュア化する「HTTPS」

HTTPSを使用することで、Webアクセスをセキュア化し、機密情報の漏洩、不正アクセス、データ改ざん、サービス停止といったセキュリティ上の脅威を最小限に抑え、信頼性の高い環境を構築することができます。

● HTTPの脆弱性

　暗号化通信を使用しないHTTPだと、クライアントからWebサーバーに対するリクエストや、サーバーからクライアントに対するレスポンスで**平文**を用います。そのため通信経路上でネットワークパケット解析ツールや、専用のネットワーク装置を用いることで、通信内容を覗き見る「傍受」が可能です。Webページに入力したパスワードなどは、簡易な暗号化やハッシュ化により解読を難しくすることがあります。しかし、ほとんどの通信内容は通信経路上で簡単に傍受される可能性があります。

DoS/DDoS攻撃を受けるリスク

　HTTPでは、クライアントからWebサーバーに送信されたリクエストに対するレスポンスが、正規のサーバーから送信されたものかを確認する手段がありません。そのため、URLで指定したWebサーバーと、レスポンスを返してきたWebサーバーが同じものであるとは限りません。これにより、ホームページをコピーした「偽」のWebサーバーに誘導される**なりすまし**の危険性や、意味のないリクエストを大量に受け付けてサービス不能に陥る**DoS**（Denial of Service）／**DDoS**（Distributed Denial of Service）といった攻撃の標的にされるリスクが生じます。DoS攻撃は、攻撃者が意図的に特定のサービスやネットワークへのアクセスを妨害するために行う攻撃になり、大量の不正なトラフィックやリクエストを送信して、サービスの正常な動作を妨げたり、サービスを停止させたりすることを目的にしています。DDoS攻撃は、複数のコンピューターやデバイスから同時に大量のトラフィックやリクエストを送信して、特定の

191

サービスやネットワークを過負荷にさせ、正常な動作を妨害する攻撃手法です。通常攻撃者は、**ボット**と呼ばれるマルウェアに感染した複数のコンピューターやデバイスを制御し、これらを利用して大量の攻撃を実行します。DoS／DDoS攻撃によって、WebサイトやWebサービスが一時的または永続的に利用できなくなる可能性があります。

改ざんのリスク

　Webサーバーへの不正侵入により、Webページを**改ざん**される危険性があります。改ざんにより、攻撃者は不正なプログラムを挿入したり、コンテンツを置き換えたりします。また、悪意を持った第三者が、ユーザーの個人情報を盗み取る可能性が生じます。さらに、悪質なウイルスやマルウェアがWebページに埋め込まれることで、改ざんされたWebページを訪れたユーザーは、信頼しているサイトであると誤解し、不正なリンクをクリックしたり、悪質なファイルをダウンロードしたりする恐れがあります。ユーザーのコンピューターやデバイスがマルウェアに感染することで、ユーザーが詐欺の被害にあったり、個人情報が漏洩したりといった被害に遭うリスクが増大します。被害が大きくなると、大規模なサイバー攻撃やボットネットの形成など、インターネット全体に影響を及ぼす事態に発展します。改ざんされたWebページは、信頼性の低下に繋がり、信頼できない情報やサービスを提供することによって、組織や企業の信用を損ないます。そのため、ビジネスの信頼性に大きな影響を与えることがあります。

中間者攻撃のリスク

　中間者攻撃によって、リクエストやレスポンスデータが改ざんされる危険性があります。悪意をもった第三者により、通信経路上で通信内容が傍受され、さらに内容を書き換えされてしまうことで、リクエストやレスポンスデータが改ざんされます。中間者攻撃を防ぐには、通信経路上でデータが改ざんされていないかを定期的にチェックする必要があります。それには、Webサーバーからのデータと、クライアントがダウンロードしたデータが同一であるかどうかをチェックします。

適切なセキュリティ対策を講じて、リスクを最小限に抑えるには、HTTPSを利用します。HTTPSによりHTTPの脆弱性を修正し、リスクを最小限に抑えることができます。

■非暗号化通信HTTPの危険性

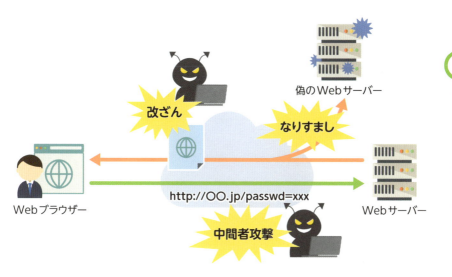

● HTTPSによるセキュア化の仕組み

　HTTPのセキュリティ面での不安を解消して、よりセキュアなWebアクセスを行うには、**HTTPS**を用います。HTTPによる通信では、データが平文で送受信されますが、HTTPSではデータが暗号化されています。HTTPSでは、**SSL**（Secure Sockets Layer）や**TLS**（Transport Layer Security）といったセキュアプロトコルが使用され、送受信データが暗号化されることで、ネットワーク経路上での傍受を防止します。また、SSL/TLSは、クライアント/サーバー認証にも対応しており、Webサーバーの「なりすまし」を防ぐことができます。HTTPSのメッセージ認証により、通信データの改ざんも防止できます。

■ HTTPSによりセキュアなWebアクセスが実現

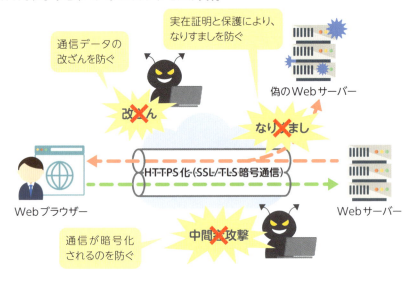

　HTTPSを利用するには、クライアントであるWebブラウザーとWebサーバーの両方がHTTPSに対応している必要があります。大抵のWebブラウザーはHTTPSに対応しており、「https://」ではじまるURLを指定することで、HTTPSを利用できます。

○ SSL/TLSに必要なサーバー証明書とは

　HTTPSで使用されるセキュリティプロトコルのSSL/TLSに必要不可欠なのが**サーバー証明書**です。サーバー証明書は、Webサイト運営者の実在性を確認し、WebブラウザーとWebサーバー間で暗号化通信を行うのに使用する電子証明書になります。Webサイト運営者の信頼性や実在性を証明し、通信データを暗号化する「鍵」として機能します。

　サーバー証明書を使用することで、サーバーの実在性をIPアドレスやホスト名レベルで保証します。この仕組みによりホスト名やIPアドレスを偽装したなりすましを防ぐことが可能になります。

■ サーバー証明書の役割

・Webサイト運営者の実在証明
・通信データの暗号化

Webブラウザー　　　　　　　　　　　　　Webサーバー　サーバー証明書

　サーバー証明書は、電子証明書を発行する第三者機関である**認証局**（CA：Certification Authority）によって提供されます。通常、Webブラウザーには、認証局の正当性を証明する**ルート証明書**が組み込まれており、認証局によって発行されるサーバー証明書を検証し正当であると確認することができます。ルート証明書によって正当であると確認できないサーバー証明書だと、「信頼された証明機関から発行されていません」といったメッセージがWebブラウザーに表示されます。サーバー証明書を認証局で発行してもらうには、Webサイト運営者の情報と暗号化通信に必要な鍵を送ります。認証局は受け取った情報に加えて発行者の署名データを付けてサーバー証明書を発行します。

■ サーバー証明書の発行手順

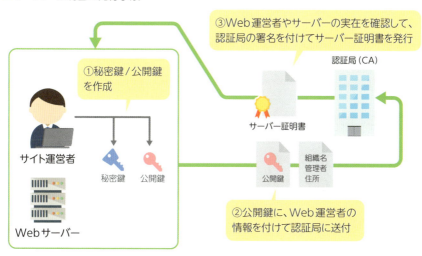

自ら認証局を立ち上げて、サーバー証明書を発行することも可能です。その場合、Webブラウザーに組み込まれているルート証明書ではサーバー証明書の正当性を検証できないため、発行している認証局の証明書を信頼されたルート証明書としてインポートする必要があります。これで、「信頼された証明機関から発行されていません」といったメッセージがWebブラウザーに表示されることはなくなります。

　Webブラウザーに組み込まれているルート証明書によって正当性を確認できる**パブリック認証局**に対して、ローカルな環境でしか利用できない認証局を**プライベート認証局**と呼びます。サーバー証明書を発行してもらうには、費用がかかります。利用者が限られている場合など、自身の認証局で発行したサーバー証明書を使用することで費用を抑えられます。自らサーバー証明書を作成することを**自己署名**または**自己発行**と呼びます。自己署名されたサーバー証明書では、Webサイト運営者の信頼性や実在性を保証できませんが、暗号化通信は可能です。近年は、一定の条件を満たした場合のみ、無償で発行するパブリック認証局も増えています。

　サーバー証明書の内容はWebブラウザーで確認することができます。サーバー証明書を確認することで、Webサイト運営者の身元やサーバー証明書を発行した認証局の情報などを調べることができます。Webブラウザーの Chromeでサーバー証明書の詳細を見るには、対象サイトを開いてから、次の図の手順を実行します。

■ WebブラウザーのChromeでサーバー証明書の詳細を見る方法

HTTPSによる暗号化通信の仕組み

HTTPSでは、クライアントであるWebブラウザーがWebサーバーにHTTPSリクエストを送ることでHTTPSによる暗号化通信を開始します。暗号化通信を実現しているのが、SSL/TLSと呼ばれるセキュアプロトコルです。

SL/TLS通信で使われる暗号化方式

SSL/TLSによる暗号化通信では、通信データの暗号化に**共通鍵**を、共通鍵の交換方式に**公開鍵暗号方式**を使用します。共通鍵暗号方式では暗号化と復号に同じ鍵を使用するのに対して、公開鍵暗号方式では、暗号化と復号に別々の鍵を使用します。暗号化に使用する鍵を**公開鍵**、復号に使用する鍵を**秘密鍵**と言います。

■ 共通鍵暗号方式／公開鍵暗号方式

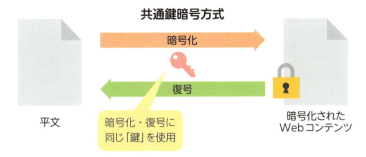

暗号化通信の手順

　Webブラウザーとレスポンスを返すWebサーバーの間で、図のような手順でSSL/TLSによる暗号化通信が行われます。

■ SSL/TLS暗号化通信の仕組み

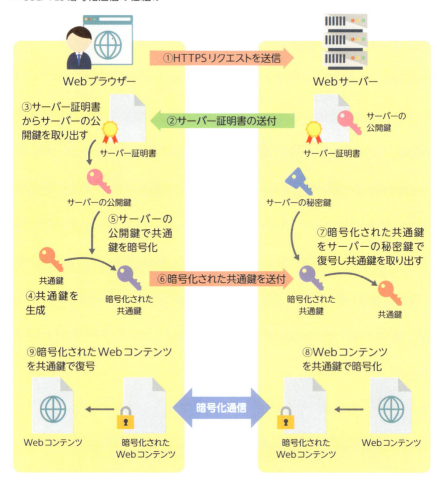

　最初にサーバー側で秘密鍵と公開鍵を作成して、クライアントに**公開鍵付きサーバー証明書**を送信します。クライアント側は共通鍵を作成しサーバーに渡します。そのまま送信すると共通鍵が傍受される危険性があるため、サーバーの公開鍵で暗号化します。暗号化された公開鍵が傍受されても、サーバーの秘

密鍵がなければ復号できないため、共通鍵を盗み見られる危険性を排除できます。

　暗号化された共通鍵を受け取ったサーバーは秘密鍵で復号して共通鍵を取り出します。これでWebサーバーとクライアント間で共通鍵を使った暗号化通信が確立します。通信内容の暗号化は、負担の少ない共通鍵暗号方式を用いて高速に行い、共通鍵の交換にのみ公開鍵暗号方式を使用してWebサーバーやWebブラウザーの負担を少なくしています。

　サーバー証明書は、信頼できる認証局によって発行されたものを使用します。認証局によってサーバーの身元をIPアドレスやホスト名レベルで保証します。

　非暗号化通信のHTTPでは、TCP/IPによる3-wayハンドシェイクでクライアントとWebサーバー間の接続を確立しますが、HTTPSでは、さらに**TLS/SSLハンドシェイク**でセッションを確立します。

　HTTPSはWebサーバーの負担が大きくなるため、従来は重要なコンテンツにのみ用いられていましたが、最近はサーバーの高性能化により、HTTPSを用いても負担にならなくなっているため、すべてのWebコンテンツにHTTPSを用いるようになっています。そのため、HTTP/2ではTLS暗号化通信が必須化されています。

まとめ

- HTTPの通信は暗号化されておらず、リクエストやレスポンスデータが改ざんされる恐れがある
- HTTPの通信におけるリスクを最小限にするために、HTTPSを活用する
- HTTPSの通信は、SSL/TLSのセキュアプロトコルで暗号化通信を実現している

Chapter 5 Webシステムの基礎知識

50 スケールアップ／スケールアウトによる高速化

Webシステムへのアクセスを高速に処理したり、耐障害性を高めることができます。そのためには、Webシステムの大規模化が必要です。ここでは、Webシステムで大規模化を達成するための2つのアプローチを解説します。

● スケールアップによる高速化

1つめのアプローチであるWebサーバー単体としての性能を向上させる方法は、サーバーのCPUやメモリなどのハードウェアを強化することです。これは一般的に**スケールアップ（垂直スケール）**と呼ばれ、比較的容易にサーバーの性能を大幅に向上させることができます。

スケールアップによる高速化の限界

HDDやSSDといった内蔵ストレージの強化や、よりハイスペックなサーバーに置き換えることでもスケールアップが達成できます。しかし、ハードウェアの強化やサーバーのアップグレードはコストが増加します。一般的にコストと性能は比例しないため、コストが2倍になったとしても性能が2倍になるわけではありません。さらに、スケールアップは物理的な制約があり、搭載可能なCPUやメモリには上限があります。

スケールアップだけで解決できない課題

また、高性能だからといって、サーバー単体では、システムの耐障害性を十分に高めることはできません。もし、サーバーが停止すれば、それに伴ってWebサービスもダウンします。ハードウェアのメンテナンスや交換の間もサービスを停止する必要があるため、この問題はスケールアップだけでは解決できません。

■ スケールアップでシステムを増強

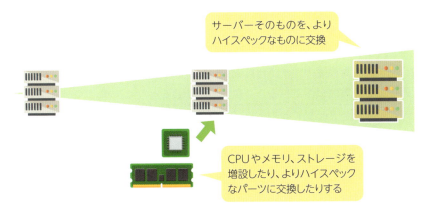

🟢 スケールアウトによる高速化

　2つめのアプローチであるシステム全体の規模を拡大し処理を複数のWebサーバーに分散させる方法は、サーバーの数を増やすことです。複数のサーバーを連携させて全体の性能を高める方法を、**スケールアウト（水平スケール）**と呼びます。サーバー数を2倍に増やせば、理論的には性能も比例して向上するため、コストパフォーマンスも高まります。また、1つのサーバーが故障しても他のサーバーで処理が継続されるため、耐障害性も向上します。

■ スケールアウトでシステムを増強

このようなシステム全体の強化は、耐障害性、拡張性、高レスポンスの観点から有効です。

スケールアウトを支えるさまざまな技術

しかし、この方法にも課題はあります。具体的には、Webブラウザーからのリクエストを複数のサーバーに適切に分散させ、どのサーバーがレスポンスを返しても一貫性が保たれるような仕組みが必要となります。

大規模なポータルサイト[注5.1]などは、こうした全体の強化を前提とした設計が行われており、1000台を超えるサーバーで1つのWebサイトを運用することも珍しくありません。Webシステムが大規模化しやすいと言われる背景には、プロキシ（代理応答）、キャッシュ、ロードバランサー（負荷分散装置）、クラウドコンピューティング技術の活用といったWeb技術が関わっています。

これらの技術を組み合わせることで、システムの拡張性と可用性が向上します。プロキシサーバーはクライアントとサーバー間の通信を最適化し、キャッシュは頻繁にアクセスされるデータを高速に提供します。ロードバランサーは複数のサーバー間でトラフィックを分散し、システム全体の負荷を均等化します。さらに、クラウドコンピューティング技術の導入により、需要に応じて柔軟にリソースを増減できるようになり、コスト効率を維持しながら、急激なアクセス増加にも対応可能な堅牢なシステムを構築できます。

まとめ

- スケールアップとは、サーバーのCPUやメモリを強化すること
- スケールアウトとは、サーバー台数を増やすなどでシステム全体の規模を拡大すること
- スケールアウトはリクエストを適切に分散することやレスポンスの一貫性を保つことが必要である

注5.1　複数の情報やサービスへのアクセスを提供するWebサイト。ニュース、天気予報、検索エンジン、電子メール、ソーシャルメディアへのリンクなど、さまざまなコンテンツやサービスが集約され、一元管理されたインターネットのポータル（入り口）として利用できます。

Chapter 5 Webシステムの基礎知識

51 プロキシ（代理応答）による高速化

Webシステムの高速化手法として、プロキシを活用した代理応答は非常に効果的な方法の1つです。このセクションでは、プロキシサーバーの仕組みと、それがWebシステムのパフォーマンス向上にどのように貢献するかを解説します。

● プロキシサーバー

　Webサーバーからクライアントである Web ブラウザーに送られるデータを、**プロキシサーバー**が一時的に蓄えたり、URL や他の条件に基づいて、リクエスト先のサーバーを動的に変更したりすることで、Webアクセスが高速化し、Webシステムの大規模化が可能になります。プロキシ（Proxy）は「代理」という意味になり、プロキシサーバーは Web ブラウザーと Web サーバー間でデータの送受信を代行します。

■ プロキシサーバーによる代理応答

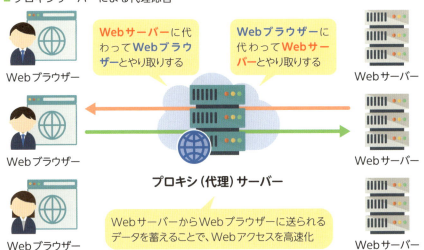

203

オリジナルのWebコンテンツ（Webリソース）を持ったWebサーバーを**オリジンサーバー**と呼びます。プロキシサーバーはオリジンサーバーに代わってWebリソースをWebブラウザーに転送します。プロキシサーバーを、Webブラウザーに近いネットワークに設置するか、Webサーバー（オリジンサーバー）に近いネットワークに設置するかによって、用途や目的を変えることができます。

○ フォワードプロキシサーバーとリバースプロキシサーバー

プロキシサーバーを、よりWebブラウザーに近いネットワークに設置する場合、クライアントであるWebブラウザーからのリクエストを代理で処理し、クライアントの代わりにインターネット上のWebサーバー（オリジンサーバー）にアクセスして、結果をクライアントに返します。このような用途で使用されるプロキシサーバーを、**フォワードプロキシサーバー**と呼びます。

プロキシサーバーを、よりWebサーバー（オリジンサーバー）側に近いネットワークに設置する場合、クライアントからのリクエストをWebサーバーの代理で処理し、設定されたオリジンサーバーにリクエストを転送します。このような用途で使用されるプロキシサーバーを、**リバースプロキシサーバー**と呼びます。

フォワードプロキシサーバーによるアクセス最適化

フォワードプロキシサーバーを導入することで、Webアクセスをプロキシサーバーに一元集中させることができ、ネットワークの利用効率が向上します。プロキシサーバーを使用しない場合、各Webブラウザーが個別にインターネットにアクセスし、Webサーバーと通信します。これにより、ネットワーク管理者はトラフィック量を管理したり、最適化したりするのが難しくなります。しかし、Webアクセスをプロキシサーバーに集中させることで、ネットワーク管理が容易になり、Webアクセスを最適化できるようになります。

■ フォワードプロキシサーバー／リバースプロキシサーバーの違い

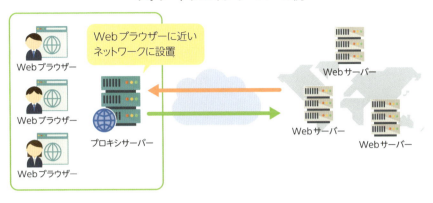

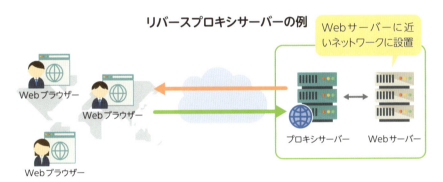

プロキシサーバーとセキュリティ

　近年では、セキュリティ向上のためにもプロキシサーバーの利用が増えています。プロキシサーバーは、Webサーバーとの通信内容をチェックし、危険な内容を検知した場合に通信を遮断することで、**WAF**（Web Application Firewall）として機能します。また、Webコンテンツにウイルスが含まれていないかをスキャンしたり、アクセスするWebサーバーのURLが正規のものかどうかを確認したりすることが可能です。

　プロキシサーバーはDDoS（分散型サービス拒否）攻撃の保護にも役立ちます。異常なトラフィックパターンを検出し、フィルタリングすることで、バッ

クエンドのオリジンサーバーを保護します。また、コンテンツフィルタリングを実装し、特定のWebサイトへのアクセスを制限したり、不適切なコンテンツをブロックしたりすることができます。

プロキシサーバーのログを活用することで、ネットワーク上のトラフィックを詳細に分析することができます。これにより、ユーザーの行動パターンを把握し、ネットワークのパフォーマンスを最適化したり、セキュリティ上の脅威を早期に発見したりすることが可能になります。

プロキシサーバーの活用

さらに、フォワードプロキシにより、Webアクセスのレスポンスを高速化できます。プロキシサーバーは、Webアクセスを中継する際に、オリジンサーバーからのWebリソースをキャッシュし、同じリクエストが再度発生した場合には、キャッシュデータを再利用します。これにより、レスポンスの速度が向上します。また、頻繁にアクセスされるコンテンツをキャッシュすることで、インターネット接続の帯域幅を節約し、ネットワーク全体のパフォーマンスを向上させることができます。プロキシサーバーの高度な活用方法には、コンテンツの圧縮や最適化が含まれます。画像やHTMLファイルなどを効率的に圧縮したり、画像のサイズを調整したりすることで、ページの読み込み時間を大幅に短縮します。

リバースプロキシサーバーを導入することで、Webブラウザーからのリクエストは、まずプロキシサーバーが受け取り、その後にバックエンドのオリジンサーバーに転送されます。オリジンサーバーからのレスポンスは、プロキシサーバーを経由してWebブラウザーに送信されます。オリジンサーバーを複数台配置することで、Webアクセスの負荷を分散させることができます。また、オリジンサーバーのコンテンツをプロキシサーバーにキャッシュすることで、レスポンスの速度を向上させることができます。

複数のオリジンサーバーに処理を分散させることを、**ロードバランシング**と呼びます。これにより、Webサーバーの負荷が分散されるだけでなく、外部からWebサーバーの構成を隠蔽することもできます。また、外部から直接オリジンサーバーへのアクセスを防止したり、SSL/TLS暗号化通信を導入するのにも利用されています。

さらに、プロキシサーバーはユーザーのIPアドレスを隠蔽することができます。ユーザーのプライバシーを守り、インターネット上で追跡されにくくなります。また、普段はアクセスできない地域限定のコンテンツを見られるようになる場合もあります。なお、IPアドレスを隠す機能は、法律や倫理的な問題に触れる可能性があるため、企業や組織がこの機能を使う場合は、明確なルールを設けて、適切に管理するようにします。

　こうした機能を適切に活用することで、プロキシサーバーはWebシステムのパフォーマンス、セキュリティ、そして管理性を大幅に向上させることができます。

■ リバースプロキシサーバーによるロードバランシング

まとめ

- Webシステムを高速化する手段の1つにプロキシによる代理応答がある
- フォワードプロキシサーバとは、Webブラウザーに近いネットワークのプロキシサーバーである
- リバースプロキシサーバとは、Webサーバーに近いネットワークのプロキシサーバーである

Chapter 5　Webシステムの基礎知識

52 キャッシュによる高速化

前セクションで解説したプロキシによる高速化に続き、本セクションではキャッシュによる高速化技術を解説します。プロキシサーバーとキャッシュを組み合わせることで、Webシステムのパフォーマンスが飛躍的に向上します。

● 2つのキャッシュ技術

Webリソース（HTMLページ、画像、CSSファイル、JavaScriptファイルなど）を一時的に保存しておく仕組みが**キャッシュ**です。同じリソースに再度アクセスする際に、保存されたキャッシュデータを利用します。

キャッシュは2つの方式に分かれます。1つめは**クライアントサイドキャッシング**で、クライアント側でデータを保存します。Webブラウザーのキャッシュ機能が代表的な例になります。もう1つは**サーバーサイドキャッシング**で、Webサーバー側でキャッシュします。頻繁にアクセスされるWebリソースを高速な読み出しが可能なメモリや他の記憶領域に保存し、レスポンス時間を短縮します。サーバーサイドキャッシングは、Webサーバーのフロントエンドにキャッシュ専用サーバーを配置し、プロキシ機能と組み合わせることで、Webシステム全体の効率化を図ることができます。

サーバーサイドキャッシングでは、頻繁に使用されるWebリソースをキャッシュしておき、クライアントからのリクエストに対して迅速にレスポンスします。これにより、レスポンスを高速化できますが、クライアントからのリクエスト数を減らすことはできません。

サーバーサイドキャッシングには、Webサーバー内にキャッシュデータを保存する方法と、プロキシサーバーを使用する方法があります。プロキシサーバーはリバースプロキシとして機能します。バックエンドのオリジンサーバーにリクエストを中継し、WebリソースをキャッシュしてWebブラウザーに対して高速にレスポンスします。リバースプロキシは、Webサーバーの高速化に役立つため、**Webアクセラレーター**とも呼ばれます。

208

■ リバースプロキシを使ったサーバーサイドキャッシング

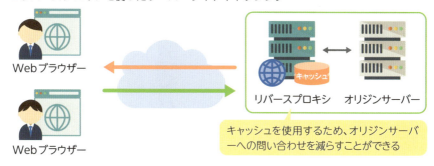

キャッシュを使用するため、オリジンサーバーへの問い合わせを減らすことができる

○ キャッシュ利用時の注意点

　キャッシュはWebアクセスを効率化する一方で、注意が必要です。キャッシュを活用しても、必ずしもWebアクセスが高速化されるとは限りません。プロキシサーバーを経由することで、全体的なレスポンスが低下することもあります。キャッシュヒット率が高ければレスポンスが向上しますが、キャッシュ内に必要なデータが存在せず、代わりにオリジンサーバーからデータを取得する**キャッシュミス**が増えると、レスポンスが悪化します。

　また、キャッシュに過度に依存すると、オリジンサーバーが更新されてからキャッシュに反映されるまで時間がかかる場合があります。保存時に設定された有効期限が切れるとキャッシュが無効となり、オリジンサーバーからオリジナルコンテンツを再度ダウンロードして更新する必要があります。有効期限は端末やプロキシサーバーの管理者が設定するため、適切に設定されていないと古いWebページしか表示されない可能性があります。

まとめ

- キャッシュには、クライアントサイドキャッシングとサーバーサイドキャッシングの2つの方式がある
- キャッシュによりWebアクセスが高速化されるとは限らない

Chapter 5 Webシステムの基礎知識

53 CDNシステムによる高速化

CDNは、世界中のユーザーに高速でコンテンツを届けるためのWeb技術です。Webシステムの高速化に大きく貢献し、ユーザビリティーを劇的に向上させます。このセクションでは、CDNの基本的な仕組みを解説します。

● CDNの効果

　CDNの効果は、グローバルに展開するWebサービスやコンテンツの多いWebサイトで顕著です。たとえば、大規模なeコマースサイトや動画配信プラットフォームでは、ユーザーの地理的位置に関わらず、高速でシームレスなコンテンツ配信が求められるため、CDNの利用が不可欠となっています。

　CDNは、全世界のネットワークにWebサーバーを分散配置し、どの地域からのアクセスでもWebコンテンツを効率的かつ迅速に配信するネットワークです。世界中に**キャッシュサーバー**が配置されており、事前にWebコンテンツをキャッシュサーバーに同期しておくことで、世界中どこからでも低遅延でWebコンテンツにアクセスできるようになります。CDNを利用するには、全世界にCDNネットワークを展開しているCDNプロバイダーとの契約が必要となります。

　Webサーバーと、クライアントであるWebブラウザーの間には、距離があります。この距離が遠いと、サーバーからの応答が遅くなります。Webシステムを強化する方法はありますが、距離を短縮することはできません。そのため、近くにあるサーバーのほうが早く応答します。CDNを使うと、クライアントに近い場所にデータを保存することができます。これにより、距離の影響を軽減し、応答時間を短縮できます。また、負荷を世界中のキャッシュサーバーに分散して、一箇所に集中するのを防ぐこともできます。

■ CDNの仕組み

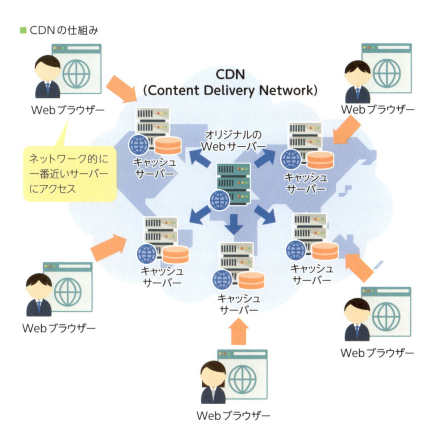

◯ CDNプロバイダー

　主要なCDNプロバイダーには、CloudFront、Cloudflare、Akamaiがあります。これらのプロバイダーは、CDNサービスだけでなく、SSL/TLS暗号化通信の高速化やネットワーク・アプリケーションの最適化、コンテンツの圧縮・転送といったサービスも提供しています。

　CDNを使ってWebコンテンツを提供するためには、クライアントが自動的に最も近いキャッシュサーバーにアクセスできる仕組みが必要です。また、世界中のキャッシュサーバーに同じコンテンツを準備しておく必要があります。クライアントが自動的に近くのキャッシュサーバーにアクセスするために、DNS (「Section 18　ネットワーク通信の仕組みと技術」を参照) という仕組み

が使われます。DNSは、1つのWebサイトに対して複数のサーバーの情報を持つことができます。その中から、クライアントにとって一番近いキャッシュサーバーの情報を返します。そのため、DNSはクライアントの場所を把握して、一番近いキャッシュサーバーの情報を提供する必要がありますが、一般的なDNSにはその機能がないため、CDNプロバイダーは専用のDNSを使います。専用のDNSは、クライアントのIPアドレスがどの地域のISP（インターネットサービスプロバイダ）のIPアドレスかを調べ、あらかじめ用意されているデータベースと照らし合わせて、一番近いキャッシュサーバーの情報を提供します。

CDNでは、Webコンテンツのオリジナルがあるオリジンサーバーとキャッシュサーバーで、常に同じデータを持つようにしなければなりません。オリジンサーバーのコンテンツが更新されているにもかかわらず、キャッシュサーバーが更新されないと、古い情報が配信されてしまいます。この問題を解決するためには、データの同期タイミングや、キャッシュを保存する期間を調整する必要があります。

● キャッシュ制御メカニズム

CDNプロバイダーは、コンテンツの鮮度を保つためにさまざまなキャッシュ制御メカニズムを提供しています。

・TTLの設定

TTL（Time To Live）の設定では、キャッシュされたコンテンツの有効期限を指定し、ニュース記事のような頻繁に更新されるコンテンツには短いTTLを、画像やCSSファイルのようにあまり変更されないコンテンツには長いTTLを設定することができます。

・パージ機能

急な内容の変更や修正が必要な場合には、**パージ（強制的なキャッシュ削除）機能**を使用して即座にキャッシュを削除し、更新されたコンテンツを反映させることが可能です。

・バージョニング手法

　ファイル名やURLにバージョン番号や更新日時を含める**バージョニング手法**を用いると、WebブラウザーやCDNに新しいバージョンのファイルだと認識させ、最新のコンテンツを確実に配信できるようになります。

　これらの機能を適切に組み合わせることで、常に最新のコンテンツを高速に配信しつつ、不必要なオリジンサーバーへのアクセスを減らし、システム全体の効率を向上させることができます。

■ 専用DNSを使ったCDN

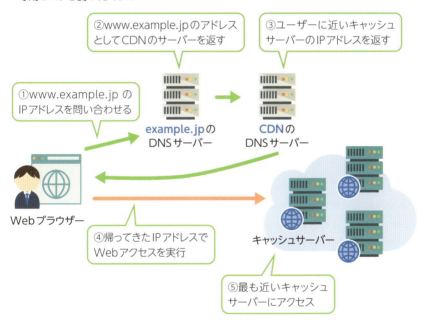

まとめ

▶ **CDNは世界の各地域からのアクセスでも効率的かつ迅速に処理するための技術である**

Chapter 5　Webシステムの基礎知識

54 ロードバランサー（負荷分散装置）による高速化

Webシステムの規模が拡大し、トラフィックが増加すると、単一のサーバーでは処理能力の限界に直面します。本セクションでは、この課題を解決する重要な技術である、ロードバランサーによる負荷分散と高速化について詳しく解説します。

● ロードバランサーの役割

　ロードバランサーを使うと、Webサーバーへのアクセスが分散されます。こうしてアクセスが分散されることで、大量のアクセスにも耐えることができます。また、もし1台のサーバーが故障しても、別のサーバーが代わりに応答するので、システムが止まる心配がなくなり、障害に強いシステムを構築することが可能になります。

　大量のリクエストを処理するには、WebサーバーのCPUやメモリを増強するか、サーバーの数を増やす必要があります。サーバーを増強するスケールアップにより、Webサーバー単体としての性能を引き上げることができますが、ハイスペックなサーバーは高価です。また、Webサーバーが故障するとサイト全体が停止するなど、耐障害性に不安が残ります。サーバーの数を増やすスケールアウトなら、複数のサーバーで処理を行うため、1台が停止してもサイト全体が停止するリスクが低くなります。また、サーバーの数を2倍に増やすことで、性能も比例して向上するため、費用対効果が高まります。ただし、クライアントからのリクエストをうまく複数のサーバーに分散させるためには、ロードバランサー（負荷分散装置）が必要になります。

214

■ ロードバランサー（負荷分散装置）の役割

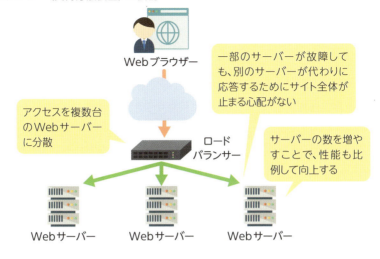

ロードバランサーの負荷分散方式

　ロードバランサーは、Webサーバーにインストールして利用するものから、専用のネットワーク装置まで、さまざまな種類があります。専用のネットワーク装置は、Webサーバーのフロントエンドに配置できるため、サーバー構成を大幅に変更する必要がありません。また、専用に設計されているため、専門家によるチューニングを行わなくても最適なパフォーマンスを発揮できるという利点があります。

一般的な負荷分散方式

　ロードバランサーは、Webシステムへの負荷を分散する重要な役割を果たしています。さまざまなアルゴリズムによって、これを実現します。最も一般的な方式は、**ラウンドロビン方式**です。これは、リクエストを順番に各オリジンサーバーに割り当てます。他にも、**優先順位方式**や**重み付け方式**があります。優先順位方式では、各サーバーに優先度を設定し、高い優先度を持つサーバーに優先的にリクエストを送ります。重み付け方式では、各サーバーに異なる重みを与え、それに応じてリクエストを割り当てます。

　さらに、動的な負荷分散方式もあります。これは、リクエストを処理するサー

バーを動的に決定する方式で、応答速度やトラフィック量などを考慮して、最適なサーバーに割り当てます。たとえば、**最速応答時間方式**や**最小コネクション方式**、**最小トラフィック方式**などがあります。

　ロードバランサーによっては、複数の方式を組み合わせることもできます。一例を挙げると、最速応答時間方式と最小コネクション方式を組み合わせると、よりサーバーの負荷状況を反映させることができます。また、ラウンドロビン方式と優先順位方式を組み合わせて、ある一定量まではプールされたオリジンサーバーをラウンドロビンで分散し、閾値を越えた時だけ、オフロード用のオリジンサーバーに振り分けるようにします。

コンテンツスイッチング方式とは

　ロードバランサーの分散方式には、特定の条件に基づいてリクエストを振り分ける**コンテンツスイッチング方式**もあります。これは、URLやパス名、言語、Cookieなどの属性に基づいて、適切なサーバーにトラフィックをルーティングします。たとえば、URLに「img」が含まれていたらサーバー1に、拡張子が「.php」だったらサーバー2へといった割り振りが可能です。コンテンツスイッチング方式により、画像やHTMLといった静的なコンテンツ専用のオリジンサーバーと、Webアプリケーション専用のオリジンサーバーに分けて運用することができます。

■ コンテンツスイッチング方式の例

ラウンドロビン方式や、動的な負荷分散では、TCPレベルでパケットを解析して、割り振るサーバーを決定しますが、コンテンツスイッチング方式ではHTTPレベルでパケットを分析し、最適なオリジンサーバーを選択します。HTTPレベルが、OSI参照モデルのアプリケーション層に相当するため、コンテンツスイッチング方式のロードバランサーを、**L7スイッチ**とも呼びます。この方式を利用することで、より柔軟なルーティングが可能となり、高度な負荷分散を実現します。

● ロードバランサーのヘルスチェック機能

動的な負荷分散では、**ヘルスチェック機能**で各オリジンサーバーをモニタリングして、モニターデータをロードバランサー内部に保持する必要があります。その際、PINGチェック、TCPチェック、アプリケーションチェックといった方式が用いられます。

PINGチェックでは、サーバーにPINGパケットを送信し応答の有無でオリジンサーバーの死活を判断します。TCPチェックではサーバーのサービスポート（WebサービスならTCP 80番や443番）に対して接続確認を行います。PINGチェックではネットワークの到達性しか監視できませんが、TCPチェックならサービス性まで監視できます。

さらに、アプリケーションレベルの正常性まで確認できるものもあります。アプリケーションレベルで監視するには、ヘルスチェック用のダミーコンテンツを各オリジンサーバーに用意し、ロードバランサーが一定間隔で正常性を確認します。レスポンスコードや応答速度を調べることもできるため、サーバーの状態をより明確に検知できます。また、Webシステムのように、DBサーバーやWebアプリケーションサーバーといった複数のサーバーが連携するシステムでは、各システムの状態をヘルスチェックページに動的に埋め込むことで、システム全体としての正常性まで確認できます。

ヘルスチェックでサーバー停止を判定する際、ダウン検出回数を適切に設定しないと、障害中のサーバーにリクエストを割り振ってしまう危険性が大きくなります。サーバー停止の検出時間は「ヘルスチェックのポーリング間隔×検出回数」で決まります。ポーリング間隔を長くするとサーバー停止を検出する

時間が長くなり、ポーリング間隔を短くすると、オリジンサーバーのレスポンスが遅くなった時に停止と誤判定してしまいます。

　ロードバランサーにヘルスチェック機能を実装すると、その仕組みはより高度になります。この機能により、ロードバランサーは各サーバーの状態をリアルタイムで監視し、適切に負荷を分散させることができます。しかし、大量のリクエストを処理しながら、同時に各サーバーの状態を瞬時に判断し、最適なルーティングを行うには、高度な処理能力が求められます。そのため、高いレスポンス性能を維持しつつ、これらの複雑な処理を効率的に実行するには、より高性能なロードバランサーが必要となります。

■ ロードバランサーのヘルスチェック機能

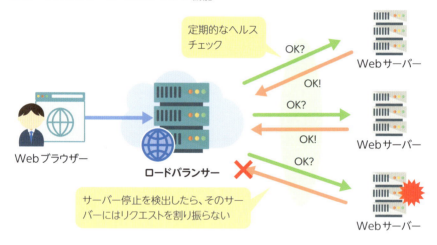

まとめ

- ロードバランサーでWebサーバーへのアクセスを分散させてシステムの冗長性を高めることができる
- 主な負荷分散方式として、ラウンドロビン、優先順位方式、重み付け方式が存在する

6章

ITインフラの構築・運用・監視

本章では、ITインフラの構築から運用、監視に至るまでを解説します。初めに、インフラの設計、ハードウェアの選定、ソフトウェアの選定、サーバーとネットワークの構築方法について、基礎的なシステム設計を解説します。続いて、安定してインフラ運用を維持、継続するための方法を解説します。最後に、システムの最適な状態を保つための監視技術と手法を解説します。

Chapter 6　ITインフラの構築・運用・監視

55　ITインフラの設計

ITインフラを設計する際には、ビジネス要件と技術的な実現可能性をバランス良く組み合わせることが重要です。効率的かつ効果的なインフラを設計するための基本について解説します。

● ITインフラモデルの選択

ITインフラモデル（オンプレミス、プライベートクラウド、パブリッククラウド）の選択はビジネスの要件、セキュリティ、規制、予算、ITスキルなどに基づいて選択されます。ITインフラモデルのそれぞれの概要については第1章を参照してください。

これらのシステム構成は、主に場所、管理、費用（コスト）、拡張性（スケーラビリティ）、制御（コントロール）の面で異なります。

ハイブリッド（オンプレミスとクラウドの組み合わせ）は柔軟性と制御を両立させたい企業や組織にとって魅力的な選択肢です。たとえば、高セキュリティが要求されるデータはオンプレミスで管理し、スケーラビリティが必要なアプリケーションはクラウドで運用できます。初期投資を抑えるために、オンプレミスの既存インフラを活用しつつ、ピーク時の負荷に対してはクラウドを活用し、平常時はオンプレミスを使用することで、コストの変動を管理できます。災害時や障害発生時のバックアップやリカバリーが強化され、ビジネスの継続性が向上します。

マルチクラウド（複数のクラウドの組み合わせ）は、特定のクラウドプロバイダーで障害が発生した場合でも、他のクラウドプロバイダーに切り替えることでサービスを継続することが可能です。単一のクラウドプロバイダーに依存するリスクを軽減し、それぞれのクラウドプロバイダーの強みを活かして、アプリケーションやサービスを最適な環境で運用でき、コストを最適化できます。

しかし、デメリットもあります。複数のITインフラを管理するため、運用管理が複雑になります。オンプレミスや各クラウドプロバイダーのツールやイン

220

ターフェースに精通する必要があり、運用チームの負担が増加します。一部のオンプレミスのアプリケーションをクラウド環境に移行できないなど、システムやアプリケーションの互換性が問題になることがあります。異なるITインフラの環境で一貫したセキュリティポリシーを適用することが難しく、セキュリティリスクが増加する可能性があります。企業や各組織のニーズやリソースに応じて適切なITインフラのモデルと組み合わせを選択することが重要です。

スケーラビリティ

　成長するビジネスのニーズに対応するため、インフラは**スケールアップ**（垂直スケール）と**スケールアウト**（水平スケール）の両方に対応できるように設計することが重要です。これにより、将来の成長に合わせてリソースを柔軟に追加することが可能になります。スケールアップとスケールアウトのそれぞれの概要については第5章を参照してください。

モジュラー設計と冗長性と高可用性

　インフラの各コンポーネントはモジュラー化（部品化）されていることが望ましいです。システムの特定の部分に障害が発生した場合でも、全体の影響を最小限に抑え、迅速に交換や復旧が可能になります。また、将来の拡張やアップグレードも容易になります。モジュラー設計を用いたインフラ構築の例を示します。個々のコンポーネント（サーバー、ストレージ、ネットワーク、データベースなど）が独立して、容易に交換や拡張が可能です。

■ モジュラー設計

Webサーバー

アプリケーションサーバー

データベース

ITインフラの構成要素を部品化

ストレージ　　ネットワーク　　負荷分散　　ファイアウォール

- 障害発生時の影響が最小限になる
- 拡張やアップグレードが容易になる

冗長性と高可用性

　モジュラー設計は冗長性設計にも関係します。システムの停止（ダウンタイム）はビジネスに甚大な影響を及ぼす可能性があるため、重要な構成要素（コンポーネント）には冗長性を持たせることが重要です。たとえば、サーバーやネットワーク機器の冗長構成や、データセンターの物理的なロケーションの冗長化などがあります。

　二重化されたネットワークやサーバー、複数のデータセンターで運用することにより、システムのダウンタイムリスクを減らせ、障害に強いフォールトトレランス設計を組み込むことにより、高可用性を実現できます。

■ 冗長性と高可用性の構成

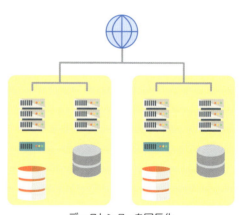

ネットワーク、サーバーを冗長化　　　データセンターを冗長化

パフォーマンスと効率

　一方で、冗長性と高可用性はコストにも影響を及ぼします。システムのパフォーマンスを最適化するためには、リソースの適切な割り当てと利用が重要です。過剰なリソースの割り当てはコストの増加に繋がり、リソースの不足はパフォーマンス低下の原因になります。パフォーマンスモニタリングツールを活用し、常に最適なバランスを保つことが望ましいです。

● データセンターのセキュリティ

セキュリティはインフラ設計の初期段階から考慮するべき重要な要素です。

物理的な場所のセキュリティ対策、ビル内でのセキュリティと監視、ネットワークセキュリティ、データ転送とアクセスの保護、システムとデータセキュリティなど、多層的なセキュリティ対策を導入することが不可欠です。

インフラ内での複数のセキュリティレイヤー（ファイアウォール、ネットワークのセグメンテーション、アクセス制御、暗号化、侵入検知システムなど）を組み合わせて全体的なセキュリティを強化することが重要です。また、運用面でもセキュリティポリシーと手順を定期的に見直し、新たな脅威に対応する柔軟性を確保することが重要です。第7章で詳細を説明します。

● ドキュメンテーションと標準化

インフラ管理を適切に行うためには、すべての設計、設定、プロセスを文書化することが不可欠です。これにより、新たなメンバーの教育や、将来的な問題解決が容易になります。また、標準化された設計と手順を用いることで、一貫性と効率性を高められます。

まとめ

- 企業や各組織のニーズに応じて適切なITインフラのモデルを選択することが重要
- 過剰なリソースの割り当てはコスト増に、リソース不足はパフォーマンス低下に繋がる
- セキュリティはインフラ設計の初期段階から考慮する

Chapter 6　ITインフラの構築・運用・監視

56 ハードウェアの選定

インフラを構築する上で、ハードウェアの選定は重要な要素です。適切なハードウェアを選ぶことで、システムのパフォーマンス、信頼性、およびコスト効率が大きく向上します。ここでは、ハードウェア選定の際に考慮すべき主要な要素を解説します。

● 性能要件の評価

　ハードウェア選定の最初のステップは、ビジネスやアプリケーションの要求する性能を正確に評価することです。これには、処理能力、メモリ、ストレージ容量、ネットワーク接続速度などが含まれます。このような性能要件を把握することで、過剰または不足のない適切なハードウェアを選択することが可能になります。

■ 性能要件とハードウェアのマッピング

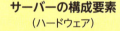

コストと予算

　ハードウェアのコストはプロジェクトの予算に大きな影響を与えますが、総所有コスト（TCO）を考慮して、初期投資だけでなく、運用コストやメンテナンスコストも含めた長期的な視点で選定を行うことが重要です。

　初期コストの部分には、ハードウェア購入、プログラムやデータベースの開発費用、ハードウェア設置に関する人件費など、新しいシステムを導入する際の最初にかかるコストがあります。

　運用コストの部分には、電力費用、保守管理に関する人件費、障害や修理に関する費用、システムのアップデート費用など、システムを運用していく上で継続的に発生するコストがあります。

　初期の設置費用だけでなく、長期にわたって発生する運用コストも含めた総所有コストを把握することが重要です。これにより、ITシステムの投資判断や予算計画をより正確に行えます。

■ 総所有コスト（TCO）の計算

ITインフラモデルに対してファイナンス、柔軟性、安全性などの異なる側面での特性や有利性を示します。企業会計の支出には**CAPEX**（資本的支出）と**OPEX**（運用維持費）があります。会計・経理上では、CAPEXは「資産」、OPEXは「経費」に分けられます。

CAPEXは減価償却を伴う支出です。一方のOPEXは事業運営上継続して必要な費用の総称です。長期的に減価償却を行い、設備投資が過剰になれば資産の価値は下がり、支出としても会計を圧迫します。また、設備を増大すると保守・運用費用がかかりOPEXも圧迫します。コストを最適化するため、定期的なCAPEXとOPEXのバランスの見直しが重要です。

たとえば、CAPEXを削減する場合はクラウドモデルの選択に利点があり、障害対策などのリスクを抑えたい場合は高いコストを伴いますがオンプレミスの選択に利点があります。それぞれのインフラモデルの利点や使用状況を比較して方針を決定することが重要です。

■ ITインフラモデルとコスト（TCO）

システム	オンプレミス型	クラウド型	ハイブリッド型
			✅
ファイナンス	CAPEX型 初期投資 IT資産を保有 ✅	OPEX型 従量課金 ✅	
変化への対応	古いシステムを使用し続ける	ビジネス変化が早いアプリケーションを増やしたい ✅	
安全性 障害対策	リスクを抑えたい コスト：高 ✅		

● 信頼性と保守性

ハードウェアの信頼性と耐久性は、システムの安定性とダウンタイムリスクを最小限に抑えるために不可欠です。高品質なコンポーネントを選択することで、将来的なトラブルや故障のリスクを減らし、長期的な運用において安定したパフォーマンスを維持できます。

■ ハードウェアの信頼性と耐久性

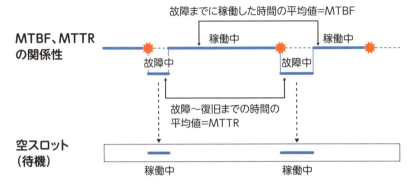

　稼働中と故障中の期間が線で表されており、線上の星は故障を表しています。それぞれの故障までに稼働した時間が**平均故障間動作時間**（MTBF：Mean operating Time Between Failures）です。MTBFはシステムや機器が障害を起こす頻度を表します。故障の発生から復旧までの時間が**平均修復時間**（MTTR：Mean Time To Repair）です。MTTRはシステムや機器を再稼働させるまでの時間を表します。これらの指標はシステムや機器の信頼性と保守性を評価するために使用されます。

　システムや機器の故障中はサービスを提供できないため、通常、待機しているシステムや機器（空きスロット）を一時的に稼働させてサービスを継続します。また、計画的なメンテナンスでシステムや機器を停止する場合も空きスロットが使用されます。信頼性の高いシステムを設計する際に使用する指標値です。

● 環境への配慮

　電力使用効率（PUE：Power Usage Effectiveness）はデータセンターのエネルギー効率を測るための業界標準の指標で、データセンターのエネルギー効率を評価し改善するために用いられます。

　パイチャートはデータセンターの総エネルギー消費におけるさまざまな要素の割合を表しています。サーバーのCPU、メモリ、HDD、冷却（クーリングファン）、電源はIT機器の消費電力で、空調やUPS（無停電電源装置）、照明などはデータセンター付帯設備の消費電力です。

■ PUEの算出方法

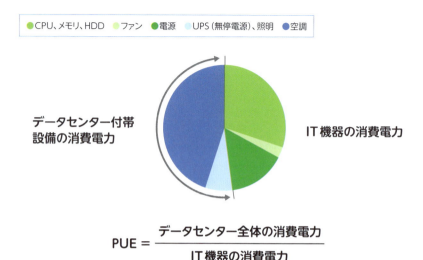

データセンターは大量のエネルギーを消費するため、環境に配慮したエネルギー源の確保と消費電力の低減が重要です。

・エネルギー源の持続可能性：
　グリーン電力購入：再生可能エネルギーを供給する電力会社からグリーン電力を購入し、エネルギーミックスに組み込みます。
　再生可能エネルギーの使用：太陽光発電、風力発電、地熱発電など、再生可能エネルギーをエネルギー源として利用します。
　オンサイト発電：データセンターの敷地内で再生可能エネルギー源を利用した発電を行います。

エネルギー効率の良いIT機器ハードウェアを選ぶことで、運用コストの削減だけでなく、環境への影響も軽減できます。

・消費電力の低減：
　PUE値の改善：データセンターの電力使用効率（PUE）を計測し、それを改善するための施策を実施します。

省エネルギー設計のデータセンター建築：天然の冷却源（たとえば、冷たい気候や水源）を活用し、日光を効率的に使う建築設計を採用します。

空調の最適化：熱管理を改善するために、ホットアイルとコールドアイルの設計、エアフロー管理、液体冷却システムなどを導入します。

エネルギー効率の高い機器の導入：電力効率が高いサーバーやストレージ、ネットワーク機器を選択します。

仮想化とサーバー統合：物理的なハードウェアの数を減らし、仮想化技術を使用してサーバーの稼働率を最適化します。

■ エネルギー源の確保

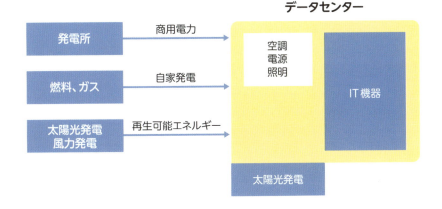

> **まとめ**
> - ハードウェア選定の前にビジネス、アプリケーションが要求する性能を把握する
> - ハードウェアのコストは、初期投資費用だけでなく総所有コストで見積もる

Chapter 6 ITインフラの構築・運用・監視

57 ソフトウェアの選定

ソフトウェアの選定は、ITインフラの性能、セキュリティ、スケーラビリティに関係する重要なプロセスで、システムの信頼性や効率が大きく向上します。ここでは、OSおよびミドルウェアの選定方法について説明します。

● OSの選定方法とポイント

最初に、性能やセキュリティ、互換性、サポート体制など、OSに求められる要件を洗い出します。

続いて、Linux系、Windows系、UNIX系など、市場に流通している主要なOSの特長を調査します。オープンソースOSと商用OSで特徴が異なるため、要件に合った選択を検討します。これらの調査や検討を終えた後に、初期導入費用、ライセンス費用、運用コストなど、総所有コスト（TCO）を評価します。

オープンソースOSはライセンス費用がかからない一方で、サポート費用が発生する場合があります。商用OSの場合はベンダーのサポート体制を確認し、オープンソースOSの場合はコミュニティの活発度や情報の充実度を評価します。

選定候補のOSについて、パフォーマンスベンチマークや信頼性レポートを参照します。高負荷環境での実績や故障率、セキュリティの脆弱性などを確認します。

● ミドルウェアの選定方法とポイント

ミドルウェアは、OS上で動作するソフトウェアコンポーネントのことを指し、システムの各機能を提供します。ここでは、主要なミドルウェアであるWebサーバー、データベースサーバー、アプリケーションサーバーについて、選定時に考慮すべき項目と選定のポイントについて表にまとめました。

■ Webサーバー選定のポイント

選定基準	概要とポイント
性能	リクエスト処理能力の確認、パフォーマンス比較。負荷テスト実施
セキュリティ	SSL/TLS対応、セキュリアップデート頻度、脆弱性情報の公開状況など
言語などの適合	使用するプログラミング言語やフレームワークとの互換性
拡張性	モジュール化、プラグイン対応など

■ データベースサーバー選定のポイント

選定基準	概要とポイント
種別	RDBMSかNoSQLか。違いを理解してシステム要件に応じて選定
性能	読み書き性能、クエリ応答時間、インデックス最適化など。ベンチマークテスト実施
セキュリティ	暗号化、認証、アクセス制御機能。セキュリティポリシー、脆弱性対応
拡張性	データ／ユーザー数の増加に対応できるか
その他	シャーディング、レプリケーション、ベンダーサポート体制、オープンソースコミュニティ活動など

■ アプリケーションサーバー選定のポイント

選定基準	概要とポイント
言語などの適合	使用するプログラミング言語や開発フレームワークと適合するか
性能	実行性能、スレッド管理、メモリ使用量など。ベンチマークテスト実施
拡張性	拡張性やモジュール化の対応状況など（将来的な機能追加や性能向上）
運用・管理	運用・管理・監視機能。デプロイ、スケーリング、ログ管理などの効率
その他	ベンダーサポート体制、オープンソースコミュニティ活動など

まとめ

▶ 求められる性能や要件、将来の拡張性などを考慮して、OSやミドルウェアを選定する

Chapter 6 ITインフラの構築・運用・監視

58 サーバー構築の基本

サーバーの構築はITインフラの根幹を成す作業であり、慎重に計画し実施する必要があります。サーバー構築の基本的なステップと考慮点について解説します。

● ハードウェア／ソフトウェアの選定とセットアップ

サーバー構築の第一歩は、適切なサーバーを選択することです。この作業には、必要な処理能力、メモリ、ストレージ容量、およびネットワーク接続の要件を理解し、それに適合するサーバーを選ぶことが含まれます。その際、将来的な拡張性も考慮に入れましょう。併せて、サーバーの用途(Webサーバー、データベースサーバー、アプリケーションサーバー) に応じて選定する必要があります。

サーバーにインストールするOSを選択する際には、その用途や互換性を考慮することが重要です。ミドルウェアの用途に応じて最適なOSを選びます。

サーバーのハードウェアをセットアップする際には、すべてのコンポーネントが正しく接続されていることを確認します。CPU、メモリ、ストレージデバイス、ネットワークカードなどを組み合わせます。

OSをインストールした後、ネットワーク設定、セキュリティ設定、必要なソフトウェアやツールのインストールなど、システムの詳細な構成を行います。

● テストと最終チェック

サーバーの設定が完了したら、全体の動作をテストし、動作に問題がないかを確認します。これには、ネットワーク接続のテスト、パフォーマンステスト、セキュリティのチェックなどが含まれます。問題が発見された場合は、修正して再度テストを行います。

■ サーバーの設定、テストと最終チェック

設定項目	作業内容
ファシリティ	ハードウェア、ソフトウェアの調達 データセンター作業、工事（ラック設置、ケーブル配線）
サーバー	BIOS設定、ハードウェアRAID設定
OS	OSの選択、OSのインストール、OSの設定
ストレージ	筐体設定、ディスク設定
ネットワーク	IPアドレス、VLAN、ルーティング、アクセス制御、負荷分散の設定
Web	Webサーバーの設定
アプリケーション	アプリケーションサーバーの設定
データベース	データベースサーバーの設定
運用、保守	ハードウェア、ソフトウェアの保守、ライセンスの管理

サーバーのチェック項目	設定例
言語設定	English
キーボード	日本語
ストレージデバイス	基本ストレージデバイス（HDD）
ホスト名	server1
タイムゾーン	Asia/Tokyo
管理者のパスワード	********
ディスクパーティション	マウントポイント、ファイルシステム、サイズ（固定／変動）

まとめ

▷ サーバー構築はITインフラの根幹を成す作業のため、慎重に計画して実施する

Chapter 6 ITインフラの構築・運用・監視

59 ネットワーク設定の基礎

ネットワーク設定はITインフラの構築において中核的な役割を担います。ネットワーク設定の基本（ネットワーク構成、IPアドレス管理、ルーティングなど）と、それらを行う際のポイントについて解説します。

● ネットワークの設定

ITインフラを構築する際には、**ネットワークの基本的な設定**を実施する必要があります。

IPアドレスの割り当て

ネットワーク内の各デバイスにはユニークなIPアドレスが必要です。ユニークなIPアドレスを割り当てる方法は、静的IPアドレスの手動割り当てやDHCP（Dynamic Host Configuration Protocol）を用いた動的割り当てがあります。

サブネットマスクとルーティング

サブネットマスクを使用してネットワークを複数のサブネットに分割することで、効率的なトラフィック管理とセキュリティ強化が可能です。また、ルーティングテーブルにより、ネットワーク間のデータ転送ルートを制御します。

DNSの設定

ドメインネームシステム（DNS）は、人間が覚えやすいドメイン名をIPアドレスに変換する役割を果たします。ネットワーク内でDNSサーバーを設定することにより、内部ネットワークおよびインターネット上のリソースへのアクセスがスムーズになります。

■ ネットワークとDNSの設定（Linuxの場合）

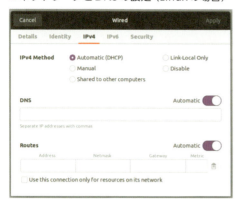

ネットワークの監視と管理

ネットワークのパフォーマンスと安定性を維持するために、定期的な**監視と管理**が重要です。

地理的トラフィックの監視

世界地図上にネットワークのトラフィックルートを示し、異なる地域間でデータがどのように移動しているかを表示します。ネットワークの遅延、帯域幅の利用状況、データ転送の効率性を把握する際などに利用します。地理的に分散した拠点を持つ組織やデータセンターを使用する場合は有効です。

ネットワーク機器の状態監視

ネットワーク内の各機器（ルーター、スイッチ、ファイアウォールなど）の現在の状態を表示します。各機器の正常状態、警告状態、障害状態を色やアイコンで表現します。リアルタイムで各機器の稼働状況を把握し、問題が発生した際には迅速に対応するのに有効です。

パフォーマンス指標の監視

ネットワークのパフォーマンス指標（トラフィック量や応答時間など）を時間経過グラフで表示します。ピーク時間帯や長期的なトレンドを把握し、異常

なトラフィックやパフォーマンスの低下を早期に検知して対応するのに有効です。

エラーログの分析

ネットワーク機器やサービスのエラーログ（各機器の名前、アラーム数、発生頻度）をリストで表示します。ネットワーク全体の健全性を評価し、繰り返し発生する問題や重大な障害の根本原因を特定するのに有効です。

■ ネットワーク監視

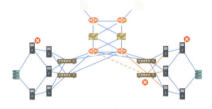

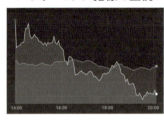

まとめ

- ネットワーク内の各デバイスにはユニークなIPアドレスが必要である
- DNSは、人間が覚えやすいドメイン名をIPアドレスに変える役割を担う

Chapter 6　ITインフラの構築・運用・監視

60 セキュリティ対策の基礎

ファイアウォール、侵入検知システム、その他のセキュリティ対策の基本的な設定
方法を紹介します。セキュリティ対策は非常に重要な要素です。基本的なセキュリ
ティ対策とその実装方法について解説します。

● ファイアウォールとセキュリティ

　ファイアウォールは、内部ネットワークと外部ネットワーク（たとえばイン
ターネット）との間でデータの送受信を制御するシステムで、許可されたトラ
フィックを通過させ、不正または不要なトラフィックをブロックすることで、
不正なアクセスからネットワークを守るために重要です。

　ファイアウォールには以下のような機能があります。

・パケットフィルタリング

　ネットワークパケットのヘッダー情報を解析し、ルールセットに基づいてパ
ケットの通過を許可または拒否します。一般的なルールは、IPアドレス、
ポート番号、プロトコルタイプなどを指定します。

・ステートフルインスペクション

　トラフィックの状態を追跡し、接続の状態に基づいてパケットの通過を判断
します。トラフィックの状態を考慮して不正アクセスを防ぎ、より高度なセ
キュリティを確保できます。

・アプリケーション層フィルタリング

　アプリケーション層（OSIモデルの7層目）でトラフィックを検査し、特定の
アプリケーションやサービスのトラフィックを制御します。特定のアプリ
ケーションを標的とした攻撃を防げます。

・プロキシ

クライアントとサーバーの間でトラフィックを中継して、直接の接続を避けることでネットワークの匿名性が向上し、クライアントへの攻撃のリスクが低減され、より安全に通信を行うことが可能です。

・侵入検知システム（IDS：Intrusion Detection System）と侵入防止システム（IPS：Intrusion Prevention System）

ネットワークトラフィックを監視し、異常な活動や攻撃を検出・防止するシステムです。リアルタイムでの対策が可能となり、ネットワークの安全性を高められます。

Webサーバーへのアクセスに必要なポート（HTTP、SSL）のみを許可し、それ以外の通信を拒否することでネットワークのセキュリティを強化するポリシーの例を示します。

■ ファイアウォールの概念図

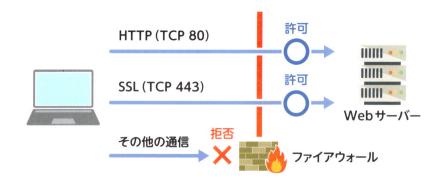

ファイアウォールの設定

たとえばLinuxではファイアウォールの設定にufwコマンドなどを使います。基本的に、Webサーバーへ着信するトラフィック（Incoming）を拒否（Reject）し、Webサーバーへのアクセスに必要なポート（HTTP、SSL）のみを許可する

ルールを定義します。また、IPv4アドレスおよびIPv6アドレスに対して許可します。

● ネットワークのセグメンテーション

　ネットワークを複数のセグメントに分割し、異なるセグメント間の通信を適切に制御することで、組織外部からの攻撃や組織内部の脅威に対するリスクを低減し、トラフィックの管理、システムの可用性向上、コンプライアンス対応などの点で有効です。

　セグメント1はインターネット接続で、インターネットから組織内ネットワークへのトラフィックを制御します。インターネットからのトラフィックをファイアウォールでフィルタリングし、セグメント2へのアクセスを制御します。セグメント2はDMZ（Demilitarized Zone）で、インターネットからアクセスされる公開Webサーバーや、Webサーバーと連携して動作するアプリケーションサーバーが接続されます。セグメント3は内部ネットワークで、重要なデータをデータベースサーバーで保管し、アプリケーションサーバーと連携します。セグメント3は、セグメント2のアプリケーションサーバーからのみアクセス可能で、インターネットから直接アクセスはできません。

■ ネットワークセグメンテーションの概念図

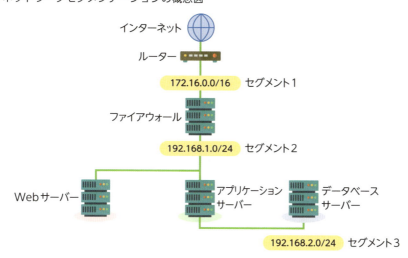

● アンチウイルスソフトウェアの導入

　サーバーにアンチウイルスソフトウェアを導入し、マルウェアやウイルスからシステムを保護します。アンチウイルスソフトウェアは常に最新の状態に保ち、定期的なスキャンを実行します。既知の脅威から機密情報や個人情報の流出を防ぎ、正しい処理のみを許可することにより未知の脅威を無効化できます。

■ アンチウイルスソフトウェア導入の効果

まとめ

- ファイアウォールは、内部と外部ネットワークの間でデータの送受信を制御する
- ネットワークを分割することで組織外部からの攻撃や組織内部の脅威へのリスクを低減できる
- アンチソフトウェアの導入で、サーバーをマルウェアやウイルスの脅威から保護できる

Chapter 6　ITインフラの構築・運用・監視

61　インフラ管理の日常業務

サーバーとネットワーク機器の日常的な管理と保守について説明します。ITインフラ管理の日常業務は、システムの安定性と効率性を維持するために不可欠です。インフラ管理の主要な側面と、それらを効果的に行うためのポイントを解説します。

● アプリケーションパフォーマンスの監視

　アプリケーションのパフォーマンスがビジネスに直接影響を与えるため、これらの指標の監視は不可欠です。アプリケーションレベルでのパフォーマンスを追跡し、トランザクション処理量、応答時間、エラーレートなどを監視します。

　トランザクションは時間に応じたトランザクション数やユーザー数の変動をグラフで表します。前日比、前週比、前月比、前年比などと比較して表示できると差分を確認できます。

　応答時間は平均と分布を表示します。平均では変化を確認できなくても、分布では特定の時間帯に応答劣化の有無やエラーの有無を併せて確認できると良いでしょう。

■アプリケーションパフォーマンス指標のダッシュボード例（1）

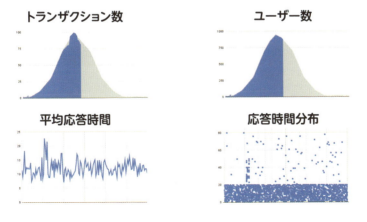

241

エラーレートはさまざまな視点からの分析が重要で、サービスのエラーレートとサーバーやクライアントのエラーレートと連動していないことが望ましいです。一方で、システムの障害やアプリケーションの不具合でサービスのエラーレートが連動している場合は早急な対処と対策が求められます。

■ アプリケーションパフォーマンス指標のダッシュボード例 (2)

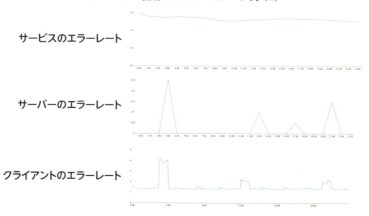

　グラフや詳細なデータを確認せず、数値と色で一目でサービスの稼働状況を確認できるダッシュボードも有効です。あらかじめビジネス指標（KPI）を関係者と合意して決めておき、誰が見ても現在の状況を一目で把握することが可能です。

■ アプリケーションパフォーマンス指標のダッシュボード例 (3)

● パフォーマンス監視の目的

　パフォーマンス監視の主な目的は、システムの健全性を確保し、最適な動作状態を維持することです。システムのパフォーマンス劣化はアプリケーションのパフォーマンス劣化に繋がりやすく、ビジネスに影響を及ぼしやすいからです。パフォーマンス監視により、システム障害の早期発見、リソースの適切な割り当て、ユーザー体感の向上を可能にします。

　パフォーマンス監視の指標と効果的な監視方法について解説します。

　時間変化に応じたパフォーマンスデータのピークや長期トレンドを分析できるグラフが重要です。

　ピーク時に発生するリソース不足やパフォーマンスの低下はユーザー体感に直接的な影響を与えるため、迅速な対応が必要です。システムの限界を理解し、スケーリングやアップグレードのタイミングを適切に判断できます。

　長期的なパフォーマンスデータは、季節変動や業務サイクルの影響を考慮した上で、将来的なリソース需要を予測し、計画的なリソース追加やシステム拡張を行うのに役立ちます。1日の時間の中でのピーク、1週間、1ヶ月、1年単位で見た時のトラフィックトレンドを把握しておき、適切なリソースを割り当てることで最適なパフォーマンスを提供できます。

■ パフォーマンスのトレンド分析

時間帯によるピーク

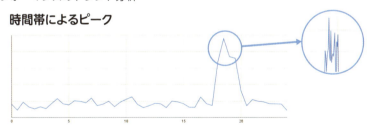

時期、季節によるピーク

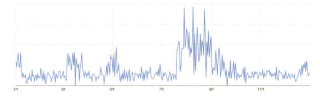

● システムリソースの監視

ITインフラの状態をリアルタイムで監視し、異常が発生した場合に迅速に対応できるようにすることが重要です。サーバーの負荷（CPU使用率）、メモリ使用量、ストレージの使用状況（使用量、ディスクI/O）、ネットワークトラフィックなどを定期的に監視します。異常なリソース使用を早期に検知することで、パフォーマンスの低下や障害のリスクを減らせます。

システムリソースの各指標を個別に確認したり、全体を一目で確認したりできるダッシュボードがあると良いでしょう。システム個別の指標では、詳細な分析とトラブルシューティングに向いており、特定のコンポーネントやリソースに焦点を当てるため、問題の根本原因を特定しやすくなります。たとえば、特定のサーバーのCPU使用率が異常に高い場合、そのサーバーに対する調査を行えます。

システム全体の指標では、サービスやシステムの全体的なパフォーマンスや総合的な健全性の評価に向いています。たとえば、システム全体の平均応答時間が長い場合、全体的なパフォーマンスの改善が必要と判断します。

両方の指標を組み合わせることで、リソースを最適に配分できます。個別のリソースがボトルネックとなっている場合、全体のパフォーマンスに影響しているかを評価し、適切な対策を講じられます。

■ システムリソース監視のダッシュボード

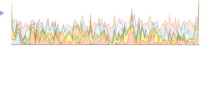

● 定期的な分析とリソース割り当て

　監視データを定期的に収集し、パフォーマンスのトレンドやパターンを分析します。この分析を通じて、将来的なシステムの改善点や拡張計画を立てられます。システムをスケーリングする場合、定期的にリソースを割り当てるケースとリソース需要に基づいて動的にスケーリングを行うケースがあります。

　リソース状況に余裕がある場合は割り当てリソースを削減し、将来的にリソースが不足する予測の場合は、新たにリソースを追加し割り当てを確保します。

■ リソース割り当ての最適化

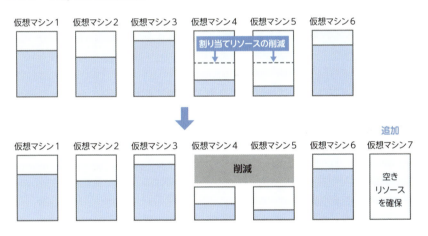

● ユーザーとアクセス権管理

　ユーザーアカウントとアクセス権を適切に管理し、不正アクセスやデータ漏洩のリスクを減らします。アカウントの作成、アクセス権の割り当て、不要なアカウントの削除など、管理プロセスを定めて適切に運用します。

　グループAに所属するユーザーはグループAのデータのみにアクセス可能で、グループBに所属するユーザーからはアクセスできないように設定します。一方、グループBに所属するユーザーはグループBのデータのみにアクセス可能で、グループAに所属するユーザーからはアクセスできないように設定します。

■ アクセス権管理の概要

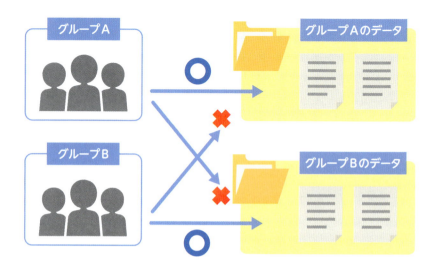

　システムやアプリケーションのアクセス制御リスト（ACL：Access Control List）と権限管理テーブルを示します。アクセス権の種類は「参照」、「追加」、「変更」、「削除」があります。これらのアクセス権の付与はグループ単位、ロール単位、ユーザー単位が選択できると良いでしょう。
　管理者は各ユーザーグループやユーザーがどのような操作を許可されているかを把握できるようにする必要があります。

■ アクセス権の種類

グループ/ ロール、ユーザー	参照	追加	変更	削除	データエクスポート
管理者	○	○	○	○	○（すべてのデータ）
グループA/管理者	○	○	○	○	
グループA/利用者	○	○			
グループA/ユーザーA	○	○	○	○	○（グループAデータ）
グループB/管理者	○	○	○	○	
グループB/利用者	○	○			

ドキュメンテーションと記録

ITインフラ管理におけるドキュメンテーションと記録は将来の問題解決やシステムの改善に役立ちます。大規模なITインフラの運用や設備管理で行うインシデント発生時やメンテナンス作業時の流れを示します。

インシデント、メンテナンス作業の履歴やシステムの変更などの詳細を文書化し、いつでも必要な情報を参照できるようにします。

・記録（変更管理）

システムの構成や設定の変更（実施日、内容、変更理由、変更前後の状態、影響範囲など）を記録します。変更履歴の追跡、変更の影響分析、問題発生時のロールバックに使用します。

・仕様変更（リクエストフォーム）

仕様変更の提案（内容、理由、期待される効果など）を行います。提案が承認された場合は、要求管理・変更管理・構成管理のプロセスへ引き継ぎます。

■ ドキュメンテーションと記録

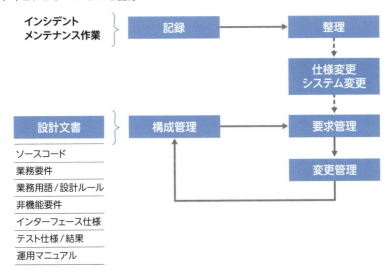

運用で行うオペレーションは形式知化された手順を人が実行できるよう一度属人化させ、属人化された知見をもとに安定化や効率化に向けた自動化を行います。このサイクルを繰り返すことでシステム運用を改善し、サービス品質の向上に繋がります。

■ 運用の安定化

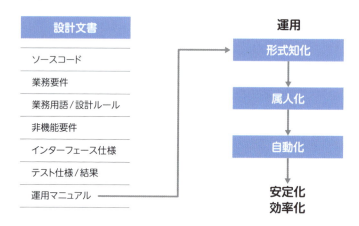

 まとめ

- システムの健全性と最適な動作状態を維持するためにパフォーマンス監視を実施する
- 監視結果を参考に、リソースの削減やリソースの割り当てを行う
- アカウントとアクセス権を適切に管理して不正アクセスやデータ漏洩を防ぐ
- インシデント対応やメンテナンス作業の履歴、システム変更の詳細などを文書化し、必要な情報をいつでも参照できるようにする

Chapter 6　ITインフラの構築・運用・監視

62 ソフトウェアの更新とパッチ管理

ソフトウェアの更新とパッチ管理はセキュリティを維持し、システムを最新の状態に保つために不可欠です。ここでは、効果的な更新とパッチ管理プロセスを解説します。

ソフトウェア更新の重要性

ソフトウェアの更新には、セキュリティパッチの適用、機能の改善、バグ修正などが含まれます。定期的な更新は、脆弱性を修正し、システムの安定性と性能を向上させます。

パッチ管理とアップデート

セキュリティリスクを最小限に抑えるために、OSやアプリケーションの**パッチ管理**と定期的な**アップデート**が必要です。これらの対応には、新しいパッチの適用、セキュリティアップデートのインストール、非互換性のチェックなどが含まれます。

以下、ソフトウェアのパッチ適用とアップデートの流れを示します。パッチ管理プロセスには、パッチの識別、テスト、適用のステップが含まれます。まず、適用すべきパッチを識別し、テスト環境で互換性と影響を評価した後、本番環境への適用を行います。

■ パッチ管理プロセス

セキュリティパッチの適用

システムの脆弱性を修正するため、OSやアプリケーションの**セキュリティパッチ**を定期的に適用します。脆弱性があるOSやソフトウェアを使用し続けると、脆弱性を狙われて情報漏洩リスクが高くなります。セキュリティパッチを適用することで、脆弱性を修正し情報漏洩リスクを下げられます。

■ セキュリティパッチ適用

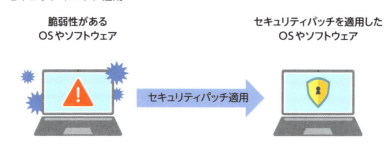

新しい脆弱性が発見された場合には、迅速に対応するための計画を立てる必要があります。

最初に、影響する脆弱性を検出し、セキュリティパッチを特定します。次に、セキュリティパッチを適用することによるサービスへの影響有無などを確認し、対処方法を決定します。最後に検証環境でのテストを行い、本番環境へ適用します。

■ セキュリティパッチ適用の流れ

システム（サーバー）ごと、脆弱性ごとに対応

自動化とスケジューリング

パッチ適用プロセスの自動化とスケジューリングにより、手動でのエラーを減らし効率性を高めます。Linuxのパッケージ管理ツール（yum、aptなど）やWindows Server Update Services（WSUS）、Microsoft Endpoint Configuration Managerなどの自動更新ツールがあります。

定期的な更新は計画的に、緊急性の高いパッチは即時にスケジュールを設定します。

ロールバック

ソフトウェアの更新や新しいパッチが予期せぬ問題を引き起こした場合に備えて、**ロールバック**の計画を準備します。ソフトウェアの更新やパッチを適用する前に、テスト環境で実施して問題がないことを確認します。また、スナップショットやバックアップを取得し、ソフトウェアの更新やパッチ適用前のシステム状態へ復元する方法を準備しておきます。

ドキュメンテーションと記録

パッチ管理の各ステップを文書化し、適用されたパッチの履歴を記録します。事後に問題が発生した場合のトラブルシューティングや、法規制に準拠するための証跡とします。

記録には、更新内容（ソフトウェア更新やパッチの具体的な内容、バージョン情報）、実施日時、実施者、事前・事後テストの内容と結果、ロールバック手順と結果（ロールバックした場合）などを記載します。

まとめ

- セキュリティリスクを抑えるために、OSやアプリケーションにセキュリティパッチを適用する
- ソフトウェア更新やパッチ適用で発生する問題に備えてロールバックを計画する

Chapter 6　ITインフラの構築・運用・監視

63 バックアップとリカバリー

データのバックアップとリカバリーは組織のデータを保護し、ビジネスを維持・継続する上で極めて重要です。バックアップが必要である理由や、バックアップの計画について解説していきます。

◯ バックアップはなぜ必要か

　データの損失はビジネスに甚大な影響を与えてしまいます。そのため、システム障害、ハードウェア故障、自然災害、サイバー攻撃（ランサムウェアなど）、人為的なミスなどからのリカバリー（復旧）を可能にするために、**バックアップ**が必要です。必ず、重要なデータは定期的なバックアップを実施するとともに、復元の手順を定期的にテストすることで、万が一の事態に備えることが求められます。

　また、システムへのパッチ適用やバージョンアップの際にバックアップデータは役立ちます。本番環境とは別のシステムへ復元または移行して検証を行うことで、パッチ適用やバージョンアップによる予期せぬ不測の事態も避けることができます。

■ バックアップと復旧プロセス

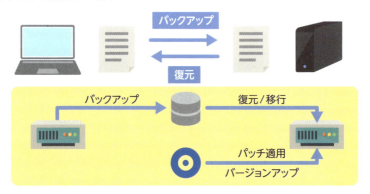

● バックアップの計画

　バックアップはどのデータを、どのくらいの頻度で、どのように保存するか
を定義する必要があります。

バックアップの種類
　一般的なバックアップの方法には、**フルバックアップ**、**差分バックアップ**、
増分バックアップがあります。

・フルバックアップ
　　システム全体のデータを完全にコピーします。復旧が迅速で簡単ですが、容
　　量が大きく時間とストレージ容量を大量に消費します。

・差分バックアップ
　　フルバックアップ以降に変更されたデータをすべてバックアップします。復
　　旧は容易ですが、差分バックアップデータは大きくなります。

・増分バックアップ
　　前回のバックアップ以降に変更されたデータのみをバックアップします。ス
　　トレージ容量の節約とバックアップ時間を短縮できますが、復旧にはフル
　　バックアップとすべての増分バックアップデータが必要です。

　各方法はデータの量やバックアップの頻度に応じて選択します。その際、組
み合わせて使用することも可能です。

■ バックアップの種類と特徴

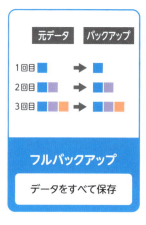

バックアップデータの**世代管理**も重要です。バックアップしたデータが不完全な場合、世代を遡ることでサービスへの影響を最小限に抑えられます。ただし、世代を多くし過ぎるとITインフラのリソースを消費し、無駄なコストが発生します。そのため、データの重要度とビジネスへの影響とのバランスを考慮した上で世代管理を行う必要があります。

■ バックアップの世代管理

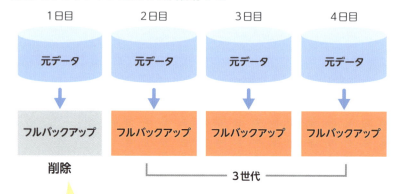

254

自動化と監視

　データバックアップとリカバリーの自動化は、手動によるバックアップ作業の手間とミスを減らし、信頼性と効率を向上させます。また、自動化によって定期的かつ一貫して実行されるため、データ保護の確実性が高まります。

　バックアップソフトウェア（Acronis、Commvaultなど）を導入したり、クラウドサービス（AWS Backup、Azure Backup、Google Cloud Backupなど）を利用したりする方法があります。バックアップの完了状況やエラーを監視することで、問題が発生した場合は迅速な対応が可能です。

データ復旧計画

　バックアップデータは、システム障害やデータ損失の際に迅速に復旧できるように、安全かつアクセス可能な場所に保管します。定期的な復旧テストを実施し、実際の災害時に備えることが重要です。

　<u>データ復旧計画</u>は、リスク評価と影響分析を行い、重要システムとデータの特定、復旧手順の文書化、連絡リストの作成、リカバリー目標（リカバリータイム目標とリカバリーポイント目標）を設定します（第7章で解説）。

バックアップデータのセキュリティ

　バックアップデータのセキュリティも重要です。暗号化やアクセスコントロールを適用し、データの盗難や漏洩を防ぐための措置を講じる必要があります。

まとめ

- データ損失はビジネスに影響を与えるため、バックアップでデータのリカバリーを可能にする
- データの量やバックアップの頻度に応じてバックアップの種類を決める

Chapter 6　ITインフラの構築・運用・監視

64 監視システムの設計

監視システムの設計と監視指標について解説します。ITインフラの監視システムの設計は、システムの健全性を保ち、問題を迅速に特定して対処するために不可欠です。監視システムの設計要素とその構築について解説します。

● 監視の範囲と目的

監視システムの設計を始めるにあたり、監視の範囲と目的を明確に定義します。これには、ネットワーク、サーバー、アプリケーション、データベースなどの監視対象と、パフォーマンス監視、セキュリティ監視、障害監視などの目的が含まれます。

■ 監視システムのアーキテクチャー

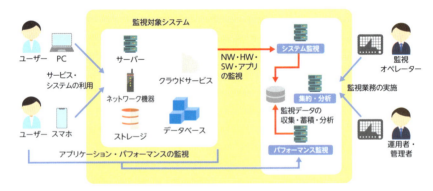

● データ収集の方法

監視データを収集するための方法は、エージェントベースやエージェントレスなどの方法があります。これらは単体での選択だけでなく、2つの方法を組み合わせることも可能です。収集方法のほかに、収集するデータの種類と頻度を決める必要があります。

■ データ収集方法の比較

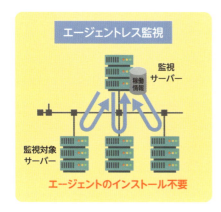
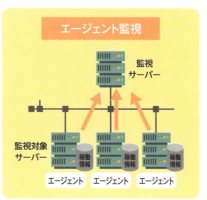

● データ分析とレポート

　収集したデータを分析し、システムの状態やパフォーマンスのトレンドを把握するための機能を設計します。また、定期的なレポート機能により、経営陣や技術チームが重要な意思決定を行うための情報を提供します。

● 監視システムのスケーラビリティと拡張性

　システムの成長や変化に対応できるように、監視システムのスケーラビリティと拡張性を考慮します。将来的に監視対象や機能を拡張する可能性を想定して、柔軟な設計を心がけることが重要です。

> **まとめ**
> - 監視システムの設計では、監視の範囲と目的を明確に定義する
> - システムの成長や変化に対応できるように監視システムの拡張性を考慮する

Chapter 6 ITインフラの構築・運用・監視

65 ログ管理と分析

ログ管理と分析は、システムのパフォーマンス監視、問題解決、セキュリティの向上に不可欠です。システムログの重要性、ログの収集と分析方法について解説します。

● ログの重要性

ログは、システムやアプリケーションの動作に関する詳細な情報を記録したものです。ログには、システムイベント、エラーメッセージ、トランザクション履歴などが含まれます。ログデータを適切に管理・分析することで、システムの健全性を把握し、異常やセキュリティ侵害を早期に検出することが可能です。

● ログの収集方法

ログを管理するためには、システム全体からログデータを集中的に収集し、整理する必要があります。ログ収集ツールやシステムを使用して、ログデータを一元的に管理します。

・エージェントベース

各サーバーやデバイスにエージェントソフトウェアをインストールし、ログを収集します。エージェントは、ローカルのログを収集し、ログ管理システムへ転送します。Fluentd や Splunk Forwarder などがあります。

・エージェントレス

ネットワークプロトコル（Syslog、SNMP、NetFlow など）を使用してログを収集します。

258

・クラウドサービス

　各クラウドプロバイダーが提供するログ収集機能を利用します。AWS CloudWatchやAzure Monitorなどがあります。

■ ログ収集のアーキテクチャー

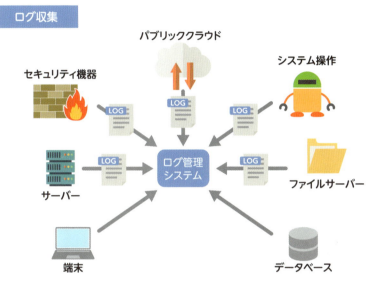

○ ログの分類と保存

収集したログデータを分類し、種類や重要性に応じて適切に保存します。

・システムログ

　OSの動作状況やエラーメッセージを含むログです。

・アプリケーションログ

　アプリケーションの動作状況やエラーメッセージを含むログです。

・ネットワークログ

　ルーターやスイッチ、ファイアウォールなどのネットワーク機器のログです。

・セキュリティログ

アクセスログ、認証ログ、ファイアウォールログなどのセキュリティ関連のログです。

保存期間やフォーマットは、法規制や組織のポリシーに準拠する必要があります。

■ ログの分類と保存

● ログの分析

ログの分析はシステムの健全性を維持し、異常を検出するために重要です。分析の手法には以下があります。

・リアルタイム分析

リアルタイムにログデータを解析し、異常検知やアラート生成を行います。

・バッチ分析

定期的にログを収集し、一括で解析処理します。

ログデータから有用な情報を抽出するためには、**異常検出**や**トレンド分析**などの分析手法があります。

・異常検出

ログのパターン認識や機械学習アルゴリズムで、異常な動作やセキュリティ

インシデントを検出します。

・トレンド分析

長期的なデータを分析し、システムのパフォーマンスや利用状況のトレンドを把握したり、将来のリソース需要を予測したりします。

● ログ監視とアラート

リアルタイムでの**ログ監視**を行うことで、システムの異常なパターンやエラーに気づけます。その気づきを迅速にアラートする通知システムを準備しておくことで、問題の早期発見と対応が可能になります。

■ログ監視のアーキテクチャー

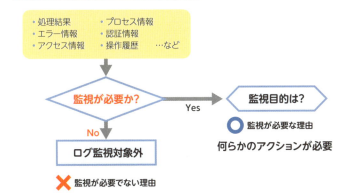

まとめ

- ログを適切に管理することで、システムの異常やセキュリティ侵害を迅速に把握できる
- 異常を把握した場合、アラートで迅速に通知することにより問題発見と対応が可能となる

Chapter 6　ITインフラの構築・運用・監視

66 アラートと通知システム

アプリケーションのパフォーマンス劣化やシステムの異常を迅速に検出し、適切なスタッフに通知することで問題の早期解決やサービスのダウンタイムを最小にできます。ここでは、アラートの設定、重要度の分類、適切な通知方法について説明します。

● アラートの種類と重要度

アラートは重要度に応じて異なるレベル（正常、警告、異常、不明など）があります。各レベルに応じて、通知の方法と緊急性を定義することが重要です。

通知方法

アラートの重要度と緊急性に応じて、メール、SMS、チャット、モバイルアプリのプッシュ通知、電話などの通知方法を選択します。

■ アラートの種類と通知方法

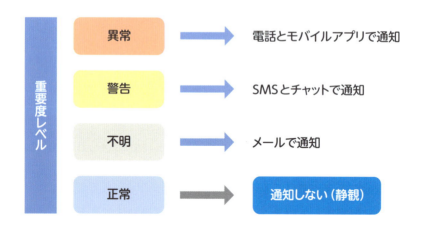

● エスカレーション

<u>エスカレーション</u>は、障害発生時に迅速かつ適切な対応を行うためのプロセスです。このプロセスは、サービスの中断や影響を受けるユーザーを最小限に抑えてビジネスを速やかに回復させることを目的に定義されます。

・エスカレーションの基準

どのような条件でエスカレーションを行うべきかを定義します。一定時間内に解決できない場合、特定の影響度を持つ障害が発生した場合など。

・エスカレーションルート

障害のタイプや重大度に応じて、誰にエスカレーションするかを定義します。サポートチームや管理者の連絡先情報と役割など。

・通知とコミュニケーション

エスカレーション時の通知方法とコミュニケーション方法を定義します。

問題が発生した場合、問題の重要度に応じて適切な技術チームや管理職への連絡が必要です。連絡を受けた部門や組織で問題が解決されない場合は、対応の優先順位を上げてより高いレベルの権限や専門知識を持つ担当者に引き継ぎます。

● アラートの分析と改善

アラートを定期的に分析し監視とアラート設定の改善を行います。

継続的にアラート設定の改善を実施することにより、システムの信頼性は高まります。改善によってアラートの過剰な発生や誤報が減少して、運用品質が改善されるためです。アラートの改善手法には以下の方法があります。

・アラートの閾値調整

アラートが適切に発生するように、閾値を調整します。CPU使用率が定常

的に高い場合にアラートを出す閾値を見直すなど。

・アラートの抑制と集約
　一時的な異常や短時間のスパイクを抑制したり、一定時間内に発生する同一タイプのアラートを集約したりする設定を行います。同じ原因による多数のアラートを1つにまとめ、対応を効率化できます。

・アラートの優先順位設定
　重要度に応じてアラートに優先順位を設定します。重大な影響を与えるアラートには高い優先順位を与え、即時対応を促します。影響の小さいアラートは低い優先順位に設定します。

・自動化の導入
　自動化ツールを導入し、手動対応の負担を軽減します。たとえば、特定のサービスの再起動に対応するための自動スクリプト実行環境を整えるなどの対応があてはまります。

　上述の4つの方法などを活用して不要なアラートを削減し、重要なアラートに迅速に対応できる体制を整えることが重要です。

まとめ

- アラートは、内容の重要度に合わせてレベルを設定する
- アラートの重要度と緊急性に応じて通知方法を選択する
- エスカレーションは、障害発生時に迅速かつ適切な対応を実施するプロセスである

7章

障害対策と
セキュリティ

本章では、ITシステムの信頼性と安全性を確保するための障害対策とセキュリティについて解説します。最初に、障害対策について網羅的に説明します。次に、セキュリティポリシーの策定と運用、脆弱性管理とセキュリティ監査、アクセスコントロールと認証、暗号化とデータ保護、そしてインシデントレスポンスとリカバリープロセスについて解説していきます。

Chapter 7 障害対策とセキュリティ

67 障害対応プロセス

障害対応プロセスはビジネスの継続性とシステムの信頼性を保つ上で必要不可欠です。障害発生時の迅速な対応プロセスと、問題解決までのステップについて説明します。

● アラートの検知

　障害が発生した際の最初のステップは、**障害検知**と**迅速な初期対応**です。障害の早期検知は問題解決の第一歩です。そして、初動対応がシステム復旧の鍵となります。監視システムからのアラートや、ユーザーからの報告によって障害を検知します。検知した障害の性質や範囲を迅速に把握することが重要です。

■ アラート検知と障害対応プロセス

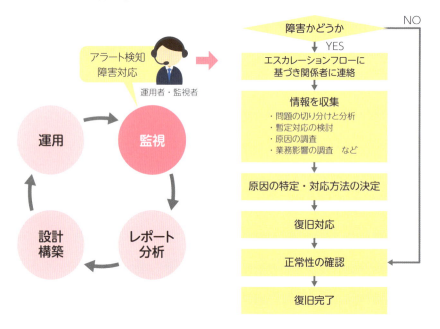

266

初動対応とエスカレーション

重大な問題が発生した場合の**エスカレーションフロー**を明確に定義します。障害の影響範囲と重大性を評価し、管理者に連絡（エスカレーション）します。この段階で、障害対応の優先順位を決定し、必要に応じて適切なチームや担当者に連絡（エスカレーション）して動員します。

■ エスカレーションフロー

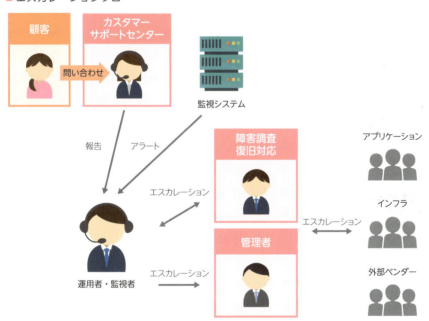

障害発生時のコミュニケーション計画

障害が発生した際の迅速かつ効果的なコミュニケーションは、ITインフラの運用において極めて重要です。障害発生時の社内および社外へのコミュニケーション、ステークホルダーへの情報提供方法について解説します。

コミュニケーション計画の目的

障害発生時のコミュニケーション計画の目的は、関係者への迅速かつ正確な

情報提供を通じて、不確実性を最小限に抑え、対応の効率化を図ることです。この対応には、社内スタッフ、顧客、パートナー企業など、さまざまなステークホルダーへの情報提供が含まれます。

ステークホルダーの特定

　最初のステップは、コミュニケーションの対象となるステークホルダーを特定することです。それぞれのステークホルダーグループに応じた情報ニーズを把握し、適切なメッセージを準備します。

● コミュニケーション計画の実行

　ステークホルダーへの適切なコミュニケーションは、障害対応において非常に重要です。障害の影響、予想される復旧時間、回避策などの情報を迅速かつ正確に伝えます。

■ コミュニケーションフロー

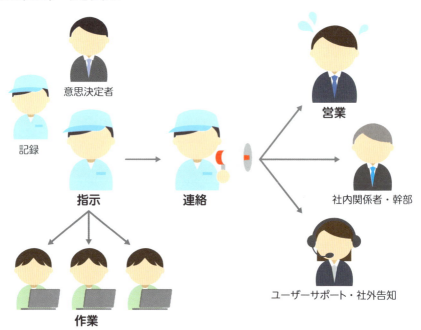

コミュニケーション手段の選定

　障害報告や更新情報を伝えるためのコミュニケーション手段とチャンネルを選定します。アラートの通知方法と同様、メール、SMS、チャット、電話に加えて、社内ポータルサイト、社外ホームページ、ソーシャルメディアなどがあります。状況に応じて最適な手段とチャンネルを選択します。

メッセージの作成と配信

　障害の重大性、影響範囲、予想される復旧時間など、ステークホルダーが必要とする情報を簡潔かつ具体的にしてメッセージを作成します。

問題の分析と原因の特定

　障害の原因を特定するために、パフォーマンスログ、アプリケーションログ、システムログ、エラーメッセージ、ネットワークトラフィックの分析などを行います。これらの分析を行い、問題の根本原因を正確に理解することが重要です。

■ 障害発生〜クローズまでのフロー

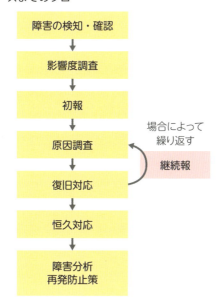

問題の切り分けと分析

障害の原因を特定するため、問題の切り分けと詳細な分析を行います。ログファイルの確認、設定の確認、再現テストなどを通じて、障害の根本原因を究明します。

一時的な回避策の実施

障害の原因が特定されるまでの間、一時的な回避策（暫定対応）を実施することがあります。サービスの一部を復旧させ、ユーザーへの影響を最小限に抑えます。

復旧対応

問題の原因が特定されたら、復旧作業に取り掛かります。設定の変更、システムの再起動、ハードウェアの交換などを行います。復旧作業後は、システムの正常動作を確認し、サービスの正常性（回復）を確認します。もし、一時的な回避策（暫定対応）を実施した場合は、サービス回復後に必要に応じて恒久対応を行います。

定期的な更新とフィードバック

障害対応が進行するにつれて、状況の変化や新たな情報を更新し定期的にステークホルダーに通知します。また、ステークホルダーからフィードバックを受け付け、必要に応じてコミュニケーション計画を見直します。

● 障害分析と再発防止策・改善

障害対応が完了した後、その原因と解決策、今後の予防措置について振り返りを行い報告します。この報告は、将来の障害を防ぐための教訓として役立ちます。障害から学んだ教訓をもとに、設定や設計の見直し、監視の強化、教育プログラムの強化、障害対応訓練の実施などを行うことで、システムの改善やサービス品質が向上します。

■ 障害報告書のテンプレート

障害報告書

項目		内容
障害発生	日時	
	場所	
障害が発生したサービス	概要	
	影響	
障害原因	障害分類	
	原因内容	
対象システム	システム名	
	システム概要	
対応状況	対応時系列 検知： 対処： 復旧：	
再発防止策	問題点	
	改善策	

まとめ

- システムの信頼性と安全性を確保するために、障害対応プロセスを策定する
- 重大な問題が発生した場合に備えてエスカレーションフローを作成する
- 障害対応完了後の原因や解決策について振り返ることがシステムの改善やサービス品質向上に必要である

Chapter 7　障害対策とセキュリティ

68 障害復旧計画の策定

ITインフラにおける障害復旧計画は、災害や障害からの迅速な回復を目的として作成する、組織の戦略的な文書です。ここでは、データの復旧を目的とした、障害復旧計画の策定方法について説明します。

● 障害復旧計画の目的

障害復旧計画（DRP）の目的は、予期せぬ災害や障害が発生した際に、事業の中断を最小限に抑え、重要なサービスの継続を確保することです。障害復旧計画は**事業継続計画**（BCP）の一部として組織のレジリエンス（回復力）を高める重要な役割を果たします。

■ 障害復旧計画策定の主なプロセス

主なプロセス	概要
BCP/BCM （Business Continuity Planning/Business Continuity Management）	災害発生時に事業継続やマネジメントを行うための計画や運用に関するプロセス
ITSCM （IT Service Continuity Management）	ITサービスを継続させるためのリスク管理に焦点を当てた管理プロセス
ITDRP/DRM （IT Disaster Recovery Planning/Disaster Recovery Management）	IT災害復旧計画・マネジメント。事業継続性管理の一環として、ITシステムの復旧を計画し、実行するプロセス

● 障害復旧計画の策定

リスク評価とビジネス影響度分析

障害復旧計画策定の第一歩は、リスク評価とビジネス影響度分析（BIA）を行うことです。組織が直面するリスクと、災害や障害発生時にビジネスに与える影響の程度を把握します。

リスク評価は、組織が直面する可能性のあるリスクを特定し、そのリスクの

■ BCPとIT-SCMとIT-DRPの関係性

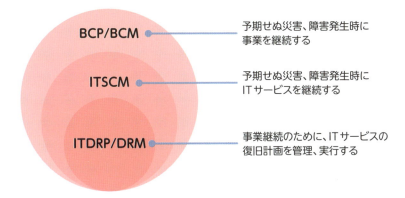

発生確率とビジネスへの影響度を評価します。リスクには自然災害、システム障害、サイバー攻撃、人為的ミスなどがあります。リスク評価の目的は、リスクを定量化し組織が最も脆弱な部分を把握し、優先順位をつけて適切な対策を講じることです。定性的な評価（影響の重大さや発生確率の高低など）と定量的な評価（具体的な数値やデータに基づく分析など）があり、これらを組み合わせてリスク評価します。

ビジネス影響度分析は、組織の業務が中断した場合に及ぼす影響を評価し、重要な業務プロセスやリソースを特定します。業務中断が企業に与える財務的、運営的、評判的な影響を明確にし、復旧に必要なリソースや時間を算定します。復旧の優先順位を決定し、復旧計画を策定するための基礎とします。

■ 障害復旧計画の策定フロー

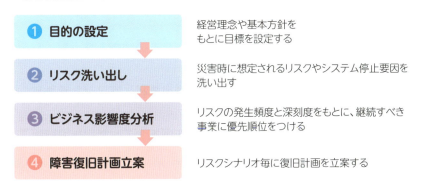

重要業務の特定

ビジネス影響度分析の結果をもとに、事業継続に不可欠な業務（重要業務）を特定します。重要業務は、収益に直結するプロセス、法規制に準拠するために必要な業務、顧客満足度に直接影響を及ぼす業務などです。障害復旧計画の中で重要業務の優先順位やリソースの配分を決定します。

障害復旧計画の策定

特定した重要業務に対して、障害からの復旧計画を策定します。役割と責任（復旧作業に関わるメンバーの役割と責任の明確化）、緊急連絡リスト（重要な連絡先情報など）、復旧に必要なリソース（ハードウェア、ソフトウェア、人的資源）の確保、復旧手順（システムの再起動、データの復元などの具体的な手順）、代替ワークフローや代替サイト（ホットサイト、コールドサイト）の準備などを含めます。

障害復旧計画の見直しと改善

障害復旧計画は、計画の有効性を確認するため定期的なシミュレーションやテストを実施し、計画の不備を発見した場合は改善します。また、ビジネス環境や技術の変化、組織の成長、新たなリスクに対して計画を定期的に見直し、常に最新の状態に保つ必要があります。

まとめ

- 障害復旧計画の目的は、災害発生時に事業の中断を最小限にしてサービスの継続を確保すること
- ビジネス影響度分析の結果を参考に事業継続に不可欠な重要業務を把握する
- 定期的にシミュレーションやテストを実施して、障害復旧計画を見直す

Chapter 7　障害対策とセキュリティ

69 データ復旧計画

ITシステムの信頼性を失わないために、システム障害などにより発生することがあるデータ損失に備えることが必要です。ここでは、データ復旧計画について解説します。

● バックアップデータの役割

バックアップデータは、システム障害やデータ損失の際に迅速に復旧できるように、安全かつアクセス可能な場所に保管します。定期的な復旧テストを実施し、実際の災害時に備えることが重要です。重大な障害や災害発生時のデータ損失期間と、システムやサービスを再開するまでの時間の関係を示します。

■ データ復旧プロセス図

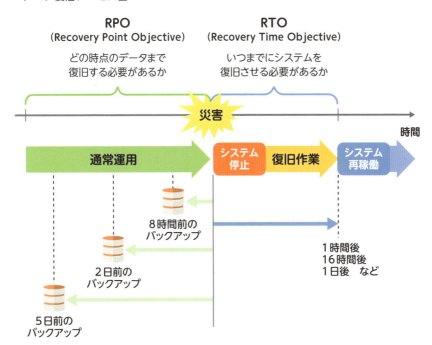

275

RPOとRTOの設定

リカバーリポイント目標（RPO）と**リカバリータイム目標**（RTO）を設定することで、バックアップの頻度と復旧に要する時間を決定します。ビジネスの要件に応じて、これらの指標を適切に設定することが重要です。

■ RPOとRTOの設定例

優先度	システム名	想定損失金額	許容停止時間	RPO/RTO	解決策
1	オンライン受注システム	3,000万円/日	1時間以内	RPO = 0, RTO = 1時間	オンライン受注システムを代替サイト（ホットサイト）に構築し、アクティブ-アクティブ構成にする
2	グループウェア	2,000万円/日	24時間以内	RPO = 8時間, RTO = 16時間	グループウェアを代替サイト（ホットサイト）に構築し、アクティブ-スタンバイ構成にする
3	ERPシステム	2,000万円/日以下	3日以内	RPO = 2日, RTO = 24時間	ERPシステムを代替サイト（ウォームサイト）に構築し、バックアップデータを復元する
4	ファイルサーバー	なし	とくになし	RPO = 5日, RTO = 24時間	ファイルサーバーを代替サイト（コールドサイト）に再構築する

バックアップデータの保管場所

バックアップデータの保管場所を選定する際には、オンサイト、オフサイト、クラウドの各オプションを検討します。データの安全性とアクセスの容易さを考慮して、最適な保管場所を選択します。

・オンサイト

バックアップデータを同じ物理的な場所に保管する方法です。データへのアクセス速度が速く、復旧時間を短縮できる利点がありますが、火災、洪水、地震など物理的な災害に対して脆弱であり、施設全体が損壊するとバックアップデータも失われるリスクがあります。

・オフサイト

バックアップデータを異なる物理的な場所に保管する方法です。オンサイトに比べてデータへのアクセス速度が遅くなりますが、災害リスクを分散でき

るため信頼性を高められます。

・クラウド

　クラウドサービスプロバイダーを利用してバックアップデータを保管する方法です。スケーラビリティや柔軟性が高く初期コストを抑えられますが、クラウドへの依存度が高まりデータ転送にかかる時間や費用を考慮する必要があります。

● バックアップデータの復旧テスト

　バックアップシステムが正しく機能していることを確認するために、定期的な復旧テストと監査を実施します。実際の障害発生時に確実にデータを復旧できることを保証するためです。

　バックアップ自体が正常に行われていたとしても、復旧手順が誤っている、または、復旧作業中に予期しない問題が発生し、RPOとRTOに影響を与える可能性があります。

　また、復旧テストは本番環境と同じ条件下（ネットワーク帯域やシステムリソースの制約など）で行うことで、復旧速度に影響を与える要素を洗い出すことができます。現実的なシナリオに基づいた課題を洗い出すことが重要です。

まとめ

▶ システム障害やデータ損失時に迅速に復旧するために、安全でアクセス可能な場所にバックアップデータを保管する

▶ リカバリーポイント目標とリカバリータイム目標を設定して、バックアップ頻度と復旧に要する時間を決める

▶ 定期的な復旧テストと監査を行い、バックアップシステムが正しく機能することを確認する

Chapter 7 障害対策とセキュリティ

70 フォールトアボイダンスとフォールトトレランス

システムの信頼性と可用性を確保するためには、システムが故障しても継続できるように冗長性を確保する必要があります。ここでは、冗長性を確保するための設計思想や手法について解説します。

● フォールトアボイダンス／フォールトトレランスとは

フォールトアボイダンスは機器の故障が発生したときでも機能を維持し、対処が不要になるよう品質管理や品質向上でシステム構成要素の信頼性を高める設計思想です。高品質なコンポーネントの選定、冗長性の確保、予防保守、環境管理、定期的なテストを通じて、障害の発生を未然に防ぐことを目的としていますが、機器の故障自体を完全になくすことは困難です。

フォールトトレランスはシステムの部分的な故障を検出し、自動的にその影響を回避しながらシステム全体の動作を継続する設計思想です。現実的にはフォールトトレランスの設計がシステムの信頼性と可用性を確保するために必要不可欠です。

システムのフォールトトレランス性能を高める設計方法とサービスのダウンタイムを最小限に抑える仕組みを解説します。

■ フォールトアボイダンスとフォールトトレランス

● フォールトトレランス設計

フォールトトレランス設計にはいくつかの実現方法と選択基準があります。

■ 主なフォールトトレランス設計

設計	概要
フェイルセーフ	システムに不具合や故障が発生した時でも、障害の影響範囲を最小限にとどめ、常に安全を最優先にして制御する。人命や重大な損害を避けるために安全性が最優先され、障害が発生した場合にシステムを安全に停止させる必要がある場合に選択する
フェイルソフト	クラスタ構成のシステムにおいて、あるサーバが動作しなくなった場合でも、他のサーバーでアプリケーションを引き継いで機能を提供する。障害が発生した際に、正常な部分だけを動作させ、全体に影響を与えないように制御する。サービスの継続性が重要であり、部分的な機能停止が許容される場合に選択する
フールプルーフ	使用方法を知らない人が操作、もしくは間違った使い方をしてもシステムに影響を与えないように設計する。ユーザーが誤操作をする可能性が高い場合や、ユーザーエラーによるシステム障害やデータ損失を防ぐ必要がある場合に選択する
フェイルオーバー	メインのシステムで障害が発生した時に、自動的にサブのシステムに切り替えを行うことで、実行中の処理を継ぎ目なく続行する仕組み、またはそれを実現するシステム構成。システムの高可用性が重要であり、サービスが停止するとビジネスに重大な影響が出るため、ダウンタイムが許容されない場合に選択する
フォールトマスキング	故障が発生した時に、その影響がエラーとして外部に出ないように訂正する仕組み。システムの一貫性と信頼性が重要であり、ユーザーに対して障害の影響を感じさせない運用が求められる場合に選択する

● 冗長性設計

冗長性とは、システムのコンポーネントを複製することで、一部のコンポーネントが故障しても全体のシステムが継続して動作する機能を提供します。重要なシステムコンポーネント、サーバー、ネットワークデバイス、ストレージなどに対して、冗長性を設けることが重要です。

ロードバランシングとトラフィック処理

　ロードバランサーを使用してトラフィックを複数のサーバーやデバイスに分散させることで、単一のポイントでの障害のリスクを減らし、システムの可用性を高めます。

データの冗長性とバックアップ

　データの冗長性を確保するためには、複数の場所にデータをバックアップし、リアルタイムでのデータレプリケーションを行うことが重要です。データの損失や破損が発生した場合でも迅速に復旧できます。

災害復旧サイトの設計

　障害や災害発生時にシステムの運用を継続できるよう、災害復旧サイトを設計します。ホットサイト、ウォームサイト、コールドサイトの中から選択して準備します。

まとめ

- フォールトアボイダンスとは、機器に故障が発生しても機能を維持して対処が不要となるよう信頼性を高めておく設計思想である
- フォールトトレランスとは、システムの部分的な故障を検知し、その部分を回避しながらシステム全体の動作を継続させる設計思想である
- 一部コンポーネントが故障してもシステムが継続して動作するために冗長性を設ける必要がある

Chapter 7 障害対策とセキュリティ

71 コンプライアンス

情報セキュリティにおけるコンプライアンスは、組織が法律、規制、業界標準、企業ポリシーに従うことです。コンプライアンス維持に必要な情報セキュリティポリシーを解説します。

● コンプライアンスの概念

コンプライアンスは、狭義には法的要求事項や業界標準へ準拠することを意味しますが、広義には社会的責任（CSR）や持続可能な開発目標（SDGs）を意味します。

コンプライアンス違反は罰金や評判の損失を招き、事業の存続自体が難しくなる可能性があるため、コンプライアンスを遵守することが重要です。組織が持続可能になるためには、法令遵守を基礎として社内ルールや倫理を守りながら、事業を通じて広範な社会的責任（CSR）や国際的に持続可能な開発目標（SDGs）に貢献していく必要があります。

■ コンプライアンスの概念

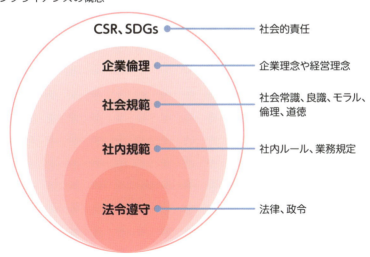

281

情報セキュリティポリシー

ITインフラにおける法令遵守（情報セキュリティ、データ保護など）と社内ポリシーの適用方法について説明します。

ITインフラのセキュリティ対策の基盤となるのが、**情報セキュリティポリシー**の策定とその運用です。情報セキュリティポリシーは、組織の情報資産を保護するためのルールや基準を定めたものです。このポリシーは、セキュリティの目標を明確にし、従業員や関連するすべての人々が従うべき指針です。

■ 情報セキュリティポリシー

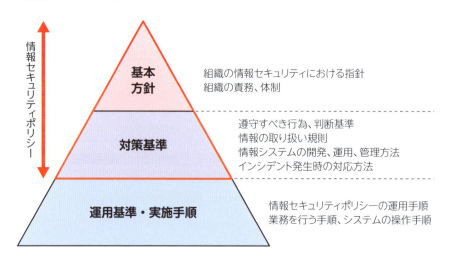

ポリシーの策定プロセス

セキュリティポリシーの策定プロセスには、組織・体制の確立、基本方針の策定、リスク分析（現状調査、セキュリティ評価・分析）、施策（対策基準、ポリシー、実施手順）の検討、実施、見直しなどが含まれます。このプロセスを通じて、組織のセキュリティ要件を反映したポリシーを作成します。

ポリシーの内容

セキュリティポリシーには、物理的セキュリティ、アクセスコントロール、データ保護、インシデント対応、従業員のセキュリティ教育など、組織のセキュリティに関わる幅広い項目が含まれます。

ポリシーの監査と更新

定期的に監査を実施し、組織のポリシーと実施状況が法的要求事項に準拠しているかを確認します。監査では、ポリシーの実施状況、セキュリティ対策の効果、リスク管理の適切性などを評価します。法規制や業界動向に応じてセキュリティ環境は常に変化するため、セキュリティポリシーも新しい要求事項に対応するため更新する必要があります。このプロセスにより、ポリシーを最新の脅威や技術の進歩に合わせて適応させることが重要です。

ポリシーの実施と教育、意識向上

策定されたセキュリティポリシーを効果的に実施するためには、従業員への周知と教育が不可欠です。定期的なセキュリティ研修の実施やコンプライアンス教育、意識向上トレーニングなど啓発活動を通じて、ポリシーの理解と遵守を促します。

まとめ

- 情報セキュリティーポリシーとは、組織の情報資産を保護するためのルールや基準である
- 法規制や業界動向でセキュリティ環境は変化するため、定期的なセキュリティーポリシーの更新が必要である
- セキュリティポリシーを効果的に実施するには、従業員への周知と教育が不可欠

Chapter 7 障害対策とセキュリティ

72 脆弱性管理とセキュリティ監査

ITインフラのセキュリティ対策において、脆弱性管理とセキュリティ監査は組織をサイバー脅威から守るために不可欠です。システムの脆弱性を特定し、管理する方法と、定期的なセキュリティ監査を実施する重要性について解説します。

脆弱性管理の重要性

脆弱性管理は、組織のシステムやアプリケーションに存在するセキュリティの弱点を特定、評価、軽減するプロセスです。定期的な脆弱性スキャンと評価を通じて、セキュリティリスクを管理し、攻撃者が利用することを防ぎます。

■ 脆弱性管理のプロセス

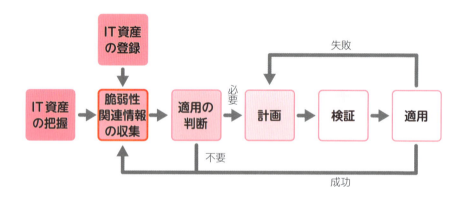

脆弱性スキャンと評価

脆弱性スキャンツールを使用して定期的にシステムやアプリケーションをスキャンし、既知の脆弱性を特定します。スキャンした結果に基づき、脆弱性の重要度を評価し、対応の優先順位を決定します。

セキュリティ監査の目的

セキュリティ監査は、組織のセキュリティポリシー、プロセス、システムが適切に設計・運用されているかを確認するプロセスです。監査を通じて、セキュリティ対策のギャップや非効率なプロセスを特定し、改善策を提案します。

また、新しい規制への対応や業界標準に適合しているかを確認し、セキュリティポリシー自体を見直します。

セキュリティポリシーとの整合性の確認

セキュリティ監査において、組織のセキュリティポリシーと実際のセキュリティ対策の実施状況が整合しているかを確認します。ポリシーに沿っていない場合、適切な是正措置を講じます。

監査報告と改善策の実施

セキュリティ監査の結果は、監査報告書としてまとめます。報告書には、監査中に発見された脆弱性や問題点、発見事項のリスク評価とビジネスへ与える影響分析、リスクの対応策や改善策などを記載します。ITインフラエンジニアは技術的な専門知識や知見をもとに、報告書の作成を支援します。

また、監査が完了した後、報告書をもとにセキュリティパッチの適用、システムの設定変更、セキュリティポリシーの更新、ユーザー教育などを実施します。これにより、組織全体のセキュリティが強化され、システムの安全性を高めることができます。

まとめ

- 定期的な脆弱性スキャンと評価を通してセキュリティリスクを管理することが攻撃者からの攻撃を防ぐことに繋がる
- セキュリティ監査とは、組織のセキュリティポリシー、プロセス、システムが適切に設計され、運用されているかを確認することである

Chapter 7 障害対策とセキュリティ

73 アクセス制御と認証

ITインフラのセキュリティを確保するためには、アクセス制御と認証の実施が必要です。アクセス制御と認証の仕組みについて説明し、不正アクセスからシステムを保護する方法を解説します。

● アクセス制御

アクセス制御は、不正アクセスを防ぎ、システムやデータへのアクセスを適切に管理するための仕組みです。最小権限の原則に基づき、ユーザーやシステムが必要なリソースのみにアクセスできるように制限します。

以下のグラフで、アクセス制御の階層モデルを解説しています。横軸はアクセスの制限から開放を示し、縦軸はアクセス可能なリソース量が増加することを示しています。リソースの保護と効率的な管理のバランスを考慮し、アクセス制御方法を適切に選択する必要があります。

■ アクセス制御の階層モデル

● ロールベースアクセス制御（RBAC）

ロールベースアクセス制御（RBAC：Role Based Access Control）は、ユーザーの役割に基づいてアクセス権限を割り当てるアクセス制御の方式です。ユーザーの職務に必要なリソースへのアクセスのみを許可することで、セキュリティを確保します。

■ ロールベースアクセス制御（RBAC）

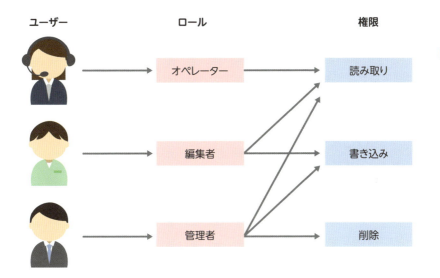

● その他のアクセス制御方式

システムやネットワーク内のリソースへのアクセスを管理するための方式は他にもいくつかあります。方式により柔軟性とセキュリティのバランスが異なります。

・任意アクセス制御（DAC：Discretionary Access Control）
　リソースの所有者がアクセス権を設定できます。ユーザーは、ファイルや

ディレクトリへのアクセス権を他のユーザーと共有できます。アクセス制御はユーザーの属性（ユーザー名やユーザーIDなど）に基づいて行われます。この方式はユーザーによる権限の設定や変更が簡単に行えるため柔軟性が高いですが、セキュリティが弱くなる傾向があります。

・属性ベースアクセス制御（ABAC：Attribute Based Access Control）
ユーザーの属性（特性）に基づいてアクセス制御を行います。たとえば、ユーザーの役職、分類、アクセス元の場所や時間帯など、属性を組み合わせてアクセス権を決定します。厳密で柔軟なアクセス制御が可能で、セキュリティポリシーベースで管理が行われます。

・強制アクセス制御（MAC：Mandatory Access Control）
アクセス制御ポリシーが集中管理され、組織のセキュリティガイドラインに基づいてアクセス権を決定します。ユーザーやシステムにラベル（分類やセキュリティレベルなど）が割り当てられ、これらのラベルに基づいてアクセス制御されます。ユーザーは自分のラベルよりも低い分類やセキュリティレベルのリソースのみアクセスできるように制限されます。厳密でセキュリティが高いですが、柔軟性には欠けます。

■ アクセス制御方式の比較

● 認証

認証はユーザーが本人であることを証明するプロセスです。認証方法には、パスワード認証、多要素認証（MFA：Multi-Factor Authentication）、生体認証などがあります。

・パスワード認証

最も基本的な認証方式で、知識情報に基づく認証と呼ばれます。ユーザーはあらかじめ登録した秘密の文字列（パスワード）を入力して認証します。パスワードに使用する文字の種類と組み合わせや保管方法によって、パスワードが推測されたり盗まれたりするリスクがあります。

・多要素認証

複数の異なる認証情報を組み合わせることで、セキュリティを強化する方式です。一般的には、3つの異なる認証要素（知識情報、所持情報、生体情報）の中から2つ以上を使用します。攻撃者は複数の認証要素を同時に突破することが困難であるため、セキュリティレベルを高められます。

・生体認証

ユーザー固有の生理的または行動的特徴を使用して認証する方式です。指紋、虹彩、顔認識、声紋認証、手の形状（静脈）などがあり、特性のコピーまたは盗用が難しいため、セキュリティが高いとされます。しかし、センサーの精度や、ケガや加齢などによって生体情報が変わると認証に失敗することがあります。

一般的に、パスワード認証は使いやすく導入が容易ですが、セキュリティレベルが最も弱い方法です。多要素認証は、複数の認証手段を組み合わせることでセキュリティを高める方法です。生体認証はユーザーの固有の特性を利用するため、セキュリティは高いですが、特定の環境や利用ケースでは不便な場合があります。使用する環境や要件に合わせて適切な認証方式を導入することで、不正なアクセスを防げます。

■ 認証要素の種類

要素	例
知識情報	・パスワード ・PINコード ・秘密の質問
所持情報	・携帯電話（コールバック、SMS、ソフトウェアトークン） ・ハードウェアトークン ・ICカード
生体情報	・指紋 ・静脈 ・声紋

● アクセス権限の監査とレビュー

　定期的なアクセス権限の監査とレビューを通じて、不要なアクセス権限が付与されていないかを確認します。アクセス権限の変更、追加、削除は厳格に管理し記録します。

● ゼロトラストとエンドポイントデバイスのセキュリティ

　境界防御型セキュリティは、ネットワークの外部と内部の間に明確な境界を設け、その境界を防御することに重点が置かれています。境界に依存するため、境界が突破されると内部のセキュリティが脆弱なユーザーやデバイスが侵害され、全体のセキュリティが危険にさらされるリスクがあります。組織内だけでなく、自宅など組織外からのアクセスやクラウド利用が一般的になり、境界自体が曖昧になっているため、あらゆるアクセスに対して安全性を確保することが重要です。

　一方、**ゼロトラストセキュリティ**は「信頼しない、常に検証する」を基本とするセキュリティモデルで、内部ネットワークを含め、すべてのネットワークトラフィックやユーザー、デバイスを常に検証し、アクセスを制御します。エンドポイントデバイス（PC、スマートフォンなど）のセキュリティが重要で、

エンドポイントに対するアクセス制御を強化し、セキュリティ対策（アンチウイルスソフトウェア、ファイアウォールなど）を適用します。

■ 境界防御型セキュリティ

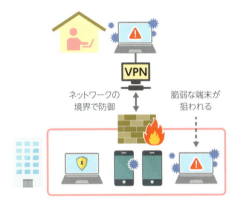

■ ゼロトラストセキュリティ

> **まとめ**
> - システムやデータへのアクセスを適切に管理する
> - 柔軟性とセキュリティの観点を考慮して、アクセス制御の方式を選択する

Chapter 7 障害対策とセキュリティ

74 暗号化とデータ保護

ITインフラのセキュリティ対策では、暗号化技術の活用はデータ保護に必要な要素の1つです。組織の情報を保護するため、暗号化を用いたデータ保護の基本的な考え方とその適用方法を解説します。

● 暗号化の基本

暗号化は、データを読み取り不可能な形式に変換するプロセスであり、特定の鍵を持つ者のみがデータを復号して元の情報を取り出せます。データの機密性を保護し、不正アクセスによるデータ漏洩を防ぐために使用されます。

● データの暗号化方式

データを保護するための暗号化には、**共通鍵暗号方式（対称鍵暗号化）**と**公開鍵暗号方式（非対称鍵暗号化）**の主な2つの方式があります。共通鍵暗号化は共通鍵を使用し処理速度が速い一方、公開鍵暗号化は公開鍵と秘密鍵のペアを使用し、より安全なデータ交換が可能です。

■ 共通鍵暗号化と公開鍵暗号化の比較

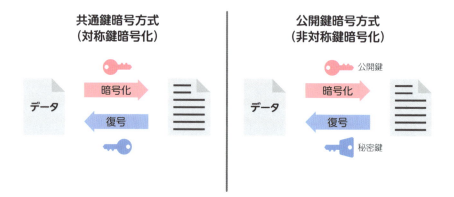

データ保管時の暗号化：アットレスト

データ保管時の暗号化（**アットレスト**：Encryption at Rest）は、データベースやファイルサーバーに保存されている静的なデータを保護するため、データが保存されている状態で暗号化が行われます。PCI-DSS、HIPAA、GDPRなどの法令や規制では、データ保護のための暗号化を義務付けています。

暗号化されたデータは、適切な鍵がなければ読み取れないため、HDD・SSD・磁気テープなどの物理的な持ち出し・盗難、不正アクセス・データコピーによる情報漏洩を防ぐことができます。暗号化の単位には、データ、ファイル、フォルダ（ディレクトリ）、ディスク全体などがあります。

■ データ保管時の暗号化

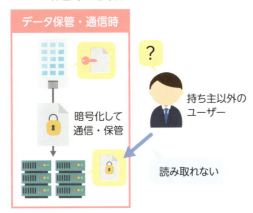
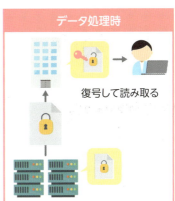

データ転送時の暗号化：イントランジット

データ転送時の暗号化（**イントランジット**：Encryption in Transit）は、ネットワーク上の中間者攻撃（Man-in-the-Middle Attack）による改ざんやデータの盗聴に対する防御策として、データがネットワークを介して転送される際に暗号化が行われます。SSL/TLSなどの暗号化プロトコルやIPsec（Internet Protocol Security）などのトンネリング技術（VPN：Virtual Private Network）を用いて、インターネットやネットワークを介して送受信される情報を保護します。

◯ 暗号化キーの管理

暗号化によるデータ保護は使用される鍵の管理方法に大きく依存します。鍵の生成、保管、配布、利用、廃棄を適切に管理することが重要です。

鍵の生成と保管

鍵は暗号化アルゴリズムの基盤であり、強力で予測不可能なものが求められます。専用の鍵生成ツールやライブラリを使用して鍵を生成します。生成された鍵は、安全な場所に保管する必要があります。鍵を平文で保存するのは非常に危険であり、鍵自体も暗号化して保存するのが一般的です。

ハードウェアセキュリティモジュール（HSM）を使用する方法やクラウドベースの鍵管理サービス（KMS）を利用する方法があります。HSMは鍵の生成、保存、管理を安全に行うための専用デバイスであり、デバイス内に保存された鍵はデバイスの外に出ることがないため、高いセキュリティを確保できます。KMSは各クラウドプロバイダーが提供するサービスで、クラウド環境における鍵の生成、保管、ローテーション、廃棄を包括的にサポートし、鍵の安全な管理が可能です。

鍵の配布と利用

鍵へのアクセスは厳密に制御する必要があります。誰が鍵にアクセスできるかをユーザーやアカウント単位で定義するアクセス制御リスト（ACL）や、ユーザーに特定の役割を割り当て、その役割に基づいてアクセス権限を管理するロールベースアクセス制御（RBAC）があります。

鍵の廃棄

長期間、同じ鍵を使用することはセキュリティリスクを増大させるため、定期的な鍵のローテーションが推奨されています。そして、ローテーションを実施して不要になった鍵は安全に廃棄する必要があります。鍵が適切に廃棄されない場合、再利用や不正アクセスのリスクがあるためです。具体的な廃棄方法としては、物理的なデバイスの破壊やデジタル的な方法での完全削除があります。

■ 鍵管理のライフサイクル

　鍵管理は、暗号化のセキュリティを維持するために重要なプロセスです。鍵の生成から廃棄に至るまで一貫したプロセス管理が求められます。プロセスを定期的に監査することで、鍵の使用状況やアクセスパターンを把握し、不審な行動を検出できます。

まとめ

- 暗号化とは、データを読み取り不可な形式にすることである
- 暗号化には、共通鍵による共通鍵暗号方式と公開鍵・秘密鍵による公開鍵暗号方式の2つが存在する
- データ保管時の暗号化がアットレスト、データ転送時の暗号化がイントランジットである

Chapter 7 障害対策とセキュリティ

75 インシデントレスポンスとリカバリー

セキュリティ対策では、セキュリティインシデント発生時のインシデントレスポンスとリカバリーが重要です。セキュリティインシデント発生時の対応計画と事後のリカバリープロセスを解説します。

● インシデントレスポンスプランの策定

　セキュリティインシデント発生時に備え、事前にインシデントレスポンスプランを策定します。プランにはインシデントの定義、レスポンスチーム（セキュリティ専門家、システム管理者、ネットワークエンジニア、法務担当者など）の構成、連絡方法、対応手順、記録などが含まれます。

■ サイバー攻撃などへの対応の流れ

● インシデント発生時の対応プロセス

インシデントの検知（識別と評価）

　セキュリティインシデントが発生したことを検知し、その特徴や性質と影響範囲を迅速に評価します（初動〜調査分析）。まずは、本当にサイバー攻撃などによるセキュリティインシデントであるかを確認します。ログファイルやアラートの詳細を確認する必要があり、適切なモニタリングツールとアラートシステムの準備が重要となります。

連絡と報告

インシデント発生時には、組織内部の関係者および必要に応じて外部に対して、適切なコミュニケーション手段で連絡と報告を行います（赤色点線の期間）。迅速かつ正確で透明性のある情報共有が信頼性の維持につながります。

一次対応と詳細分析

セキュリティインシデントの可能性が高い場合、一次対応ではインシデントの種類（例：マルウェア感染、DDoS攻撃、データ漏洩など）を分類し、その影響範囲の特定と事象を評価します。必要に応じてレスポンスチームを迅速に招集します。その後、事象の詳細分析を行い原因を特定します。

封じ込めと根絶、復旧

インシデントの拡大を防ぐために、迅速に封じ込める必要があります。たとえば、マルウェアに感染した場合、感染が広がらないようにアクセス制御やネットワークセグメンテーションを行い、被害を受けたシステムやネットワークを隔離することが重要です。その後、インシデントの根本原因を特定し、復旧対応と再発防止のための措置（恒久対策）を行います。

事後の対応

インシデントによる影響からシステムを復旧させた後、事後分析を行い、インシデントの記録と対応プロセスを評価します。得られた教訓を将来のインシデント対応能力の向上に役立てます。

まとめ

▶ **事前にインシデントレスポンスプランを策定する**

▶ **モニタリングシステムとアラートシステムの準備が重要**

▶ **システム復旧が完了した段階で、インシデントの記録と対応プロセスを評価する**

| 著者プロフィール |

鶴長 鎮一（つるなが しんいち） 1章、4章、5章を担当

大学院在学中よりインターネット接続サービス事業に携わり、その後M&Aを経て現在は大手通信事業者に勤務。卓越した技術力と豊富な経験を認められ、社内最高峰の技術者称号を取得。Webシステムやサーバー管理の分野で幅広い知見を持ち、実践的かつ教育的な技術書の執筆でも高い評価を得ている。主な著書に、『サーバ構築の実際がわかる Apache［実践］運用／管理』『図解即戦力 Web技術がこれ1冊でしっかりわかる教科書』（技術評論社）、『作りながら学ぶ Webシステムの教科書』（日経BP）など。

山本 尚明（やまもと なおあき） 2章を担当

2005年より通信事業者にて、DNSおよびメールシステムのサーバーやネットワークを中心に、電気通信事業に関連するシステム監視、運用、設計および内製開発を経験。チームリードやプロジェクトマネージャー・プロジェクトリードを多数務め、データセンターでの物理作業からシステム構築・設定の論理作業まで幅広い領域を担当。現在は、事業会社にて、関連企業全体のパブリッククラウド活用推進などを行うCCoE（Cloud Center of Excellence）を担当し、クラウド分野を中心に携わる。

山根 武信（やまね たけのぶ） 3章を担当

ソフトウェアハウスでUNIXアプリケーションの開発および、開発環境管理を経験。次に、通信事業者にてISP系サーバー（認証/DNS/メール等）の開発業務に従事し、外製化されたシステムの内製化のためにOSSを積極採用し内製インテグレーションを実施。その後、サーバー基盤に特化し、オンプレミス環境におけるサーバー基盤開発およびインフラ自動化開発、パブリッククラウド環境におけるDevOps推進のための基盤開発を経験。現在はオンプレミス環境の複数サーバー基盤のアーキテクチャ統一や基盤統合を推進中。

北崎 恵凡（きたざき あやちか） 6章、7章を担当

20年以上にわたってISPと携帯電話事業にてメッセージングサービス、システムの設計・開発・運用・保守に携わる。社外では迷惑メール対策委員会、迷惑メール対策推進協議会、インターネット協会 客員研究員、JPAAWGメンバーなど、安心・安全なコミュニケーションが提供されるために精力的に活動。趣味でモノづくり、コミュニティ活動「野良ハック」や技術書の執筆や月刊誌への寄稿を行う。

索引　Index

記号・数字

/（ルート）	186
3-way ハンドシェイク	79
5G	92
6G	93

A-C

API	169
ARP	65
ASP	131
AWS	162
AWS マネジメントコンソール	163
BCP	272
BGP	78
BIOS	112
BMC	109
CAPEX	226
CDN	, 210
CIDR 表記	73
CPU	101
CSMA/CD	68

D-G

DBMS	120, 174
DoS/DDoS	96, 191
DHCP	77, 88
DNS	77, 78, 88, 234
Docker	154
Docker Compose	156
Docker Swarm	159
DRP	272
FTP	77
Google Cloud	164
GPGPU	103
GPU	102

GSLB

GSLB	53

H-I

HA クラスタ	121
HDD	105
HTTP	76, 78, 177, 178
HTTP ヘッダー	179
HTTP メソッド	186
HTTP メッセージ	188
HTTP リクエスト	187
HTTP レスポンス	187
HTTPS	76, 177
IaaS	134
ICMP	87
IDS/IPS	95, 238
IEEE 802.11	68
IEEE 802.3	67
Infrastructure as Code	31, 138
IPv4	70
IPv6	70
IP アドレス	70, 234
IT インフラ	12
IT インフラエンジニア	24, 26

K-N

Kubernetes	158
L3 スイッチ	51
L7 スイッチ	217
LAN	38
LXD	155
MAC アドレス	64
Microsoft Azure	165
MMF	47
MQTT	78
MTBF	227

299

MTTR 227	TCP/IP 56
NAPT 85	TCP/IP階層モデル 56
NAT 85	TLS 94, 193
NewSQL 120	TLS/SSLハンドシェイク 199
NIC 53, 107	
NoSQL 120	

O-Q

OpenStack 160	
OPEX 226	
OS 16, 114, 173, 230	
OSI参照モデル 56	
PaaS 133	
POP 76	
PS 95	
PSU 111	
PUE 227	
QUIC 177	

U-W

UDP 79, 177
UEFI 112
URL 168, 185
UTP 46
VLAN 86
VPN 94
VXLAN 87
WAF 205
WAN 38
Webアクセラレーター 208
Webサーバー 119, 174
Web三層アーキテクチャ 121
Webシステム 168

R-T

RAIDコントローラー 109
RDB 120
RFC 58
RJ-45 46
RPO 276
RTO 276
SaaS 133
SDN 91
SFD 66
SMF 47
SMTP 76, 78
SSD 105
SSH 76
SSL 94, 193
STP 46, 84
TCP 79, 177

あ行

アクセス権 245
アクセス制御 246, 286
アクセスポイント 51
アットレスト 293
アップデート 249
アプリケーションコンテナ 127, 154
アプリケーションサーバー 119, 174
アプリケーション層 56, 57, 61
アプリケーションプロトコル 76
アラート 262
暗号化 292
イーサネット 64
イーサネットフレーム 66
インシデントレスポンスプラン 296
インターネット 36, 39
インターネット層 56

索引 Index

イントランジット 293
インフラストラクチャー 12
エスカレーション 263, 267
エッジコンピューティング 91
エニーキャスト 84
エラーレート 242
応答時間 241
重み付け方式 215
オリジンサーバー 204
オンプレミス 18, 21, 146, 148

か行

カーネル 114
階層化 55
仮想化技術 124
仮想マシン型仮想化 125
カプセル化 62
監視システム 256
管理プロセッサー 109
記憶装置 105
キャッシュ 208
キャッシュサーバー 210
境界防御型セキュリティ 290
強制アクセス制御 288
共通鍵 197
共通鍵暗号方式 292
クライアントサイドキャッシング 208
クラウド 130, 147
クラウドコンピューティング 130
クラウドネイティブ 150
クラウドファースト 150
グローバルIPアドレス 71
ゲートウェイ 82
ケーブル 46
コア 101
公開鍵 197
公開鍵暗号方式 197, 292

公開鍵付きサーバー証明書 198
コミュニケーション計画 267
コロケーション 146
コンテナオーケストレーション 158
コンテナオーケストレーター 127
コンテナ型仮想化 126
コンテンツスイッチング方式 216
コンプライアンス 281

さ行

サーバー 14, 98
サーバーサイドキャッシング 208
サーバー証明書 194
サーバーレスアーキテクチャ 144
サブネットマスク 72, 234
事業継続計画 272
システムコンテナ 126, 155
障害検知 266
障害対応プロセス 266
障害復旧計画 272
冗長性 279
情報セキュリティポリシー 282
初期対応 266
スイッチ 50
スイッチングハブ 50
スケールアウト 201, 221
スケールアップ 200, 221
スター型 43
ステータスコード 189
ステータスライン 188
ステートフルプロトコル 184
ステートレス 184
ステートレスプロトコル 184
ストレージ 15, 105, 172
脆弱性管理 284
静的ルーティング 81
セキュリティ 94

301

セキュリティ監査 285
セキュリティパッチ 250
世代管理 254
セッション層 57
ゼロトラストセキュリティ 290
総所有コスト 225
属性ベースアクセス制御 288
ソフトウェア 16

た行

対称鍵暗号化 292
中間者攻撃 192
ツイストペアケーブル 46
データ復旧計画 255, 275
データベース管理システム 174
データベースサーバー 120
データリンク層 57, 61
デフォルトルート 81
電源ユニット 111
電力使用効率 227
動的ルーティング 81
トランザクション 241
トランシーバー 47
トランスポート層 56, 57, 61
トレーラー 62
トレンド分析 260

な行

任意アクセス制御 287
認証 289
認証局 195
ネットワーク 16, 36, 234
ネットワークアダプター 53
ネットワークインターフェースカード
.... 53, 107
ネットワークインターフェース層 56
ネットワーク機器 172

ネットワークセグメンテーション
.... 96, 239
ネットワーク層 57, 61
ネットワークトポロジー 42
ネットワークプロトコル 54
ネットワークループ 84
ノード 42

は行

パーシステンス機能 123
ハードウェア 14
ハイパーバイザー型 125
ハイブリッドクラウド 20, 23, 220
ハイブリッドネットワーク 90
パケットフィルタリング 237
バス型 42
バックアップ 252, 275
バックアップシステム 15, 172
バックアップポリシー 172
パッチ管理 249
ハブ 50
パブリッククラウド 18, 21, 140
パブリック認証局 196
非カプセル化 62
光ファイバーケーブル 47
光メディアコンバーター 48
ビジネス影響度分析 273
非対称鍵暗号化 292
秘密鍵 197
標準化 58
ファイアウォール 52, 95
フォールトアボイダンス 278
フォールトトレランス 278
フォワードプロキシサーバー 204
物理サーバー 124
物理層 57, 60
プライベートIaaS 160

索引 Index

プライベートIPアドレス 71
プライベートクラウド 20, 22, 142
プライベート認証局 196
ブリッジ 51
フルスタックエンジニア 25
プレアンブル 66
プレゼンテーション層 57
プレフィックス長 73
ブロードキャスト 83
プロキシサーバー 203
プロトコルスタック 55
平均故障間動作時間 227
平均修復時間 227
ヘッダー 62
ヘルスチェック機能 217
ベンダーロックイン 22
ポート番号 74, 186
ホスティングサービス 131
ホステッド型プライベートクラウド .. 142
ホスト型 125

ま行

マイクロサービスアーキテクチャ 152
マザーボード 100
マルチキャスト 83
マルチクラウド 23, 220
ミドルウェア 17, 118, 173, 174, 230
無線ネットワーク 41
メッシュ型 43
メモリ 105
モジュラー設計 221
モバイルネットワーク 39, 92

や行

ユーザーインターフェース 114
優先順位方式 215
有線ネットワーク 41

ユニキャスト 82

ら行

ラウンドロビン方式 215
リカバリー 252
リクエスト 178
リスク評価 272
リバースプロキシサーバー 204
リピーター 51
リング型 42
ルーター 49
ルーティング 81, 234
ルーティングテーブル 81
ルート証明書 195
レジリエンス機能 150
レスポンス 178
ロードバランサー 52, 122, 214
ロードバランシング 206
ロールバック 251
ロールベースアクセス制御 287
ログ 258, 261
ロンゲストマッチ 81

303

- お問い合わせについて
- ご質問は本書に記載されている内容に関するものに限定させていただきます。本書の内容と関係のないご質問には一切お答えできませんので、あらかじめご了承ください。
- 電話でのご質問は一切受け付けておりませんので、FAXまたは書面にて下記までお送りください。また、ご質問の際には書名と該当ページ、返信先を明記してくださいますようお願いいたします。書籍Webサイトのフォームからのお問い合わせも可能です。
- お送り頂いたご質問には、できる限り迅速にお答えできるよう努力いたしておりますが、お答えするまでに時間がかかる場合がございます。また、回答の期日をご指定いただいた場合でも、ご希望にお応えできるとは限りませんので、あらかじめご了承ください。
- ご質問の際に記載された個人情報は、ご質問への回答以外の目的には使用しません。また、回答後は速やかに破棄いたします。

- 装丁 ──────── 井上新八
- 本文デザイン ─────── BUCH⁺
- DTP／本文イラスト ──── リンクアップ
- 編集 ──────── 酒井政信
　　　　　　　　　　　　鷹見成一郎

図解即戦力
ITインフラのしくみと技術がこれ1冊でしっかりわかる教科書

2024年11月22日　初版　第1刷発行
2025年 3月20日　初版　第2刷発行

著　者　鶴長鎮一、山本尚明、山根武信、北崎恵凡
発行者　片岡　巌
発行所　株式会社技術評論社
　　　　東京都新宿区市谷左内町21-13
　　　　電話　03-3513-6150　販売促進部
　　　　　　　03-3513-6177　第5編集部
印刷／製本　株式会社加藤文明社

©2024　鶴長鎮一、山本尚明、山根武信、北崎恵凡

定価はカバーに表示してあります。
本書の一部または全部を著作権法の定める範囲を超え、無断で複写、複製、転載、テープ化、ファイルに落とすことを禁じます。
造本には細心の注意を払っておりますが、万一、乱丁（ページの乱れ）や落丁（ページの抜け）がございましたら、小社販売促進部までお送りください。送料小社負担にてお取り替えいたします。

ISBN978-4-297-14592-7 C3055　　　　Printed in Japan

- 問い合わせ先
〒162-0846
東京都新宿区市谷左内町21-13
株式会社技術評論社 第5編集部

「図解即戦力 ITインフラのしくみと技術がこれ1冊でしっかりわかる教科書」係

FAX：03-3513-6173

技術評論社ホームページ
https://book.gihyo.jp/116